PACK
EAK IMAGINATION

精彩纸质包装盒设计模版
巅峰创想

王雪峰 著

印刷工业出版社

图书在版编目（CIP）数据

巅峰创想——精彩纸质包装盒设计模版/王雪峰著． –北京:印刷工业出版社，2013.7
ISBN 978–7–5142–0396–7

Ⅰ.巅… Ⅱ.王… Ⅲ.包装容器－包装纸板－包装设计 Ⅳ.TB484.1

中国版本图书馆CIP数据核字(2013)第141222号

PACK 巅峰创想
精彩纸质包装盒设计模版
PEAK IMAGINATION

王雪峰 著

责任编辑：郭 蕊　　　　　　　　　　　责任校对：郭 平
责任印制：张利君　　　　　　　　　　　责任设计：张 羽
出版发行：印刷工业出版社（北京市翠微路2号 邮编：100036）
网　　址：www.keyin.cn　　www.pprint.cn
网　　店://pprint.taobao.com　www.yinmart.cn
经　　销：各地新华书店
印　　刷：北京亿浓世纪彩色印刷有限公司
开　　本：787mm×1092mm　　1/16
字　　数：200千字
印　　张：17
印　　次：2013年7月第1版　　2013年7月第1次印刷
定　　价：68.00元
ＩＳＢＮ：978–7–5142–0396–7
◆ 如发现印装质量问题请与我社发行部联系　直销电话：010–88275811

前　言

现代社会商品作为人们日常消费和传递情感的载体，包装的概念早已从传统的标明产品名称、保护产品和方便运输等功能之中升华，逐渐成为消费者认识和识别品牌，以及引导顾客消费习惯甚至是生活方式的重要工具。一个好的包装可以提升产品品牌和竞争力，更可以增进消费者与品牌的感情，抑或是让使用者增加生活情趣、表达和改善生活观念。在不断发展的包装行业里，从平面装潢设计、包装结构设计，到自动化包装印刷生产，再到商场超市乃至消费者，在这整个流程中，包装无不体现着它的价值。一款经典包装可以成为人们一生的记忆，一个好的品牌将会推动商业发展的进程。

纵观全球世界格局风云变换，而商品流通、市场供需却是亘古不变。无论是哪个国家，哪个民族以至于男女老幼都将是市场供需的主体。人类对商品有着与生俱来的渴望和对品牌的无限追求，因为品牌不仅可以为消费者带来客观上的需要，更为消费者的精神需求带来满足，而品牌的直接载体便是包装。

包装文化引领着产品的使用习惯、品牌形象以及运输方式和消费个性，从全球著名的碳酸饮料企业可口可乐公司到全球快餐巨头麦当劳；从著名的化妆品香奈儿、兰蔻到全球著名运动服装品牌耐克、阿迪达斯、李宁；从享誉世界的名酒 XO、JOHNNIE WALKER、ABSOLUT 伏特加到全球最具创新精神的美国苹果公司、日本 SONY 公司、瑞士名表以及知名高档奢侈品等，无不有着良好的品牌形象和社会美誉。而它们产品的包装也随着每一次革新成为社会争相效仿的参照对象。

经验告诉我们，每一个成功的品牌一定有一个符合自身气质的外在形象——包装，现代包装不仅满足于商品的运输和销售几项功能，更重要的价值是使消费者迅速识别品牌和提升产品形象和市场价值的必然途径，甚至一些经典的包装设计成为消费者收藏的佳品。

20 世纪 50 年代，瑞典著名包装企业利乐包装公司发明的液态牛奶包装工艺，使消费者和牛奶加工企业不再为销售、储存以及消毒等产品本身的问题而担心了。从此，这家包装公司改变了牛奶企业以及人们的生活和消费方式。

21 世纪，随着世界经济全球一体化的不断深入，全球著名企业的品牌也在随着社会的进步而悄悄地发生着改变，如肯德基在中国推出了"老北京鸡肉卷"、星巴克在北京前门开的特色分店等，各大品牌为了更吸引消费者，除了使自己产品的品质和形象始终处于一流之外，逐步开始更多地研究各地区人们的消费习惯，更加贴近不同民族和不同国家的生活习惯，也就是我们常说的全球品牌概念形象和产品本土化。针对包装的快速发展和需求的不断多样化，我们顺势而为，也就是在生产工艺上要符合现代自动化生产工艺流程，而视觉设计上要进行全球品牌形象的个性化创作和创新。

　　本书旨在对包装生产工艺进行归纳和分析并形成模版，方便读者实时地研究本书和实例取用。从内容上，本书以纸质包装作为介绍重点，将普通包装、环保包装以及趣味包装分别进行阐述，第一和第二章重点介绍了纸质包装的设计和制作基础和国际标准纸盒；其余的部分以实际的经典案例针对不同类型和结构的包装进行剖析分解，力求将包装设计全方位揭秘和披露，同时以案例为对象结合包装材料和工艺进一步阐明纸质包装的设计内涵。

　　笔者相信每一个人在开始自己的职业生涯的时候都不尽相同，因此，笔者希望阅读本书时要掌握方法，亦可独立另辟蹊径创新包装的设计和生产方法，在实际应用过程中广泛汲取行业前辈的经验来完善自己的创作作品。

2013 年 5 月　于北京

目　录

第1章 纸质包装设计基础

作为一本介绍包装设计的图书，本章所讲述的基础内容是为了引导读者了解包装知识和包装设计制作工艺的必要途径。本章将简明扼要地针对纸质包装的特点、包装设计制作方法而进行基础知识方面的阐述。从认识纸质包装说起，到设计产品包装前需要进行的尺寸测量、造型的规划、结构设计、强度的选择，以及包装设计制作流程等。

1. 认识纸质包装品

　　包装作为一种保护且美化产品的容器，种类繁多、形式各异。其中纸质包装的应用最为普遍，因为纸质包装具有以下优点：质量小、强度大、易于造型、方便印刷和运输、成本低廉等，已被广泛应用到饮料、食品、电子、服装、文化产品、医药、奢侈品以及化妆品等领域。同时，由于现代发达的造纸工业而生产出符合不同要求的纸张，使得当前的包装设计更精美，生产更便捷。

　　根据产品包装的要求不同，纸质包装品可以分为纸箱、纸盒、纸袋、纸塑软包装袋、封套以及纸杯、纸桶等。

食品包装用纸塑软包装袋

包装纸盒

一体成型复合包装纸盒

包装纸桶

2. 纸盒包装品设计制作流程

　　包装设计是一个复杂的工程，并不是只要请一位设计师，使用 Photoshop 简简单单地设计一下图形，再画个造型效果图，就可以交给印刷厂印制加工完成这么简单。而是要通过包装产品设计师对所要包装的产品属性进行全面的了解，对包装方案以及要体现的产品内涵文化进行剖析；再经过多方调研、策划论证，包括：配色设计、包装品使用方法及结构设计、材质选用、产品防伪方案，打包运输注意事项等方方面面，之后再展开缜密的设计工作。

　　如下图所示，具体包装设计阶段的工作又可细分为：产品定位及品牌战略规划，选择包装材料，确定造型和测量尺寸，设计包装画面形象、确定印刷工艺和造型，制作效果图，制作手样，制作成品文件并绘制模切版。

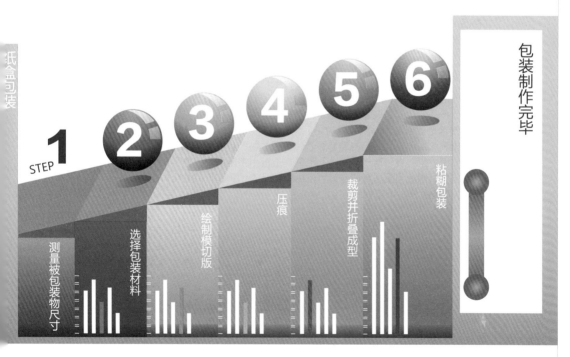

纸盒包装品设计制作流程示意图

3. 包装品设计制作要素

(1) 包装与品牌文化

包装是商品的第一视觉，包装的好坏直接反映产品的形象内涵，甚至可以决定产品的价值以及品牌附加值和产品的市场生命，包装的改变和升级是商品进行新的定位的关键环节。从包装的发展来看，包装文化是从自然包装到被动包装一步步进化和演变而来的，其作用也在发生着巨大的变化。包装潜移默化地成为了消费者的购买行为、习惯以及营销策略的重要元素。

包装的造型、开启方式、色泽、材质都会影响产品的形象和地位，因此我们在设计产品包装时，一定要立足产品背后的文化和商品本身的特性、功能进行缜密的策划和考量规划，以更利于引导消费习惯。

在这里所提到的主动包装如豆角、玉米、乌龟这些与其生命息息相关的生物，它们的包装既是一种对自己的保护也是一种装饰；而被动包装这里指的是诸如，粽子皮、竹筒、钱包、箱包、手提袋，为了使用方便、美观和易运输而采用的包裹形式。

在商品流通过程中，包装是产品从生产商到消费者重要的载体，随着商品品牌文化的建立，人们消费观念的形成，包装牢牢地与品牌链接在一起，成为品牌的"代言人"。同时，包装除了固有的保护、运输功能之外，又增加了"防伪""人性化开启和组合"以及"文化传播"的功能。

进入 21 世纪，包装在功能、种类、形式上有了全面的创新，企业在产品进入市场之前最主要的工作就是进行包装的设计，从古至今，包装充分被证明其存在的重要性。因此一款合适、合理而又符合产品的优秀包装需要生产者、销售渠道、包装设计者、市场的全面考验。经典的包装不断地传承企业以及产品的品牌力量，例如可口可乐的包装不仅是品牌本身文化、形象、品质还有健康理念的象征，还是包装爱好者的收藏之物，也被制作成创意礼品广为流传；而中国著名饮料"健力宝"有一款产品"爆"果气，上市半年就因为黑色不透光包装造成产品过快变质而香消玉殒。因此可见，好的包装可以影响商品的销售和产品的生命周期，不仅与产品的存在息息相关，更关乎一个品牌的生命力并左右着一个企业的发展和生存。

(2) 包装材料

包装材料是指用于制造包装容器、包装装潢、包装印刷、包装运输等满足产品包装要求所使用的材料，它既包括金属、塑料、玻璃、陶瓷、纸、竹子、野生蘑类、天然纤维、化学纤维、复合材料等主要包装材料，也包括涂料、黏合剂、捆扎带、装潢、印刷材料等辅助材料。

材料的要素即是商品包装所用材料表面的纹理和质感。它往往影响商品包装的视觉效果。利用不同材料的表面变化或表面形状可以达到商品包装的最佳效果，可给消费者以新奇、冰凉或豪华等不同的感觉。材料要素是包装设计的重要环节，它直接关系包装的整体功能和经济成本、生产加工方式及包装废弃物的回收处理等多方面的问题。

本书主要关注纸质包装，相应的包装材料有：包装纸、纸袋纸、干燥剂包装纸、蜂窝纸板、牛皮纸工业纸板、蜂窝纸芯。

另外，设计时一定要参考所选用的纸张种类、定量，确定纸盒印刷后，表面采用的整饰方法，如烫印、压凹凸、上光等。不同的纸张结合工艺表现效果差异会很大。

(3) 包装测量

包装的测量是进行包装设计的关键步骤，对于包装设计来说，一个精确的尺寸是包装设计至关重要的环节。尺寸太小无法让产品装进去；而尺寸如果太大，包装就无法达到美观的要求，又不能起到保护产品安全的作用。因此在包装设计初期，及产品即包装内容物的尺寸测量，对包装规格的精准测定就显得尤为重要。

① 通常来说，纸袋的大小要以比产品（内容物）略大一些为标准，因为纸袋通过特殊处理后密封条件下其空间可以是内容物的数倍大，而设计时要注意产品的容积，测量时需使用一个塑料袋装入产品，利用手来轻轻压扁塑料袋后，测量塑料袋的长（L）、宽（W）、高（H）即可。通过测量纸质包装袋的尺寸应该是（2W + 2 L）× H；

② 纸盒的尺寸是根据产品的体积来确定，从产品的最底端到最高点作为产品的高，产品的最宽处两点距离作为宽的尺寸，同样最厚的两点距离作为厚度的尺寸，在每个尺寸上再加上纸厚度的1/2就是基本纸盒的尺寸。

H

W   L

　　测量内容物的长、宽、高，确定各部分包装尺寸；策划造型设计及包装使用方式（如开启机关，各种有趣和实用的造型等）；以进行结构合理性及强度评测，以及最后阶段的外观装潢设计。

　　当然，不同的纸盒折叠方式尺寸也不尽相同，所以在确定纸盒的尺寸时必须先确定纸盒的折叠方式。同时确保纸盒与产品之间有两张复印纸的距离，即包装尺寸恰到好处。下图是一个包装盒内装四个瓶子（即 W＝瓶子的直径 ×4 ; H＝瓶子的高度 ; L＝瓶子的直径），在设计包装时，W/H/L 均再增加 2 张纸的厚度即可。

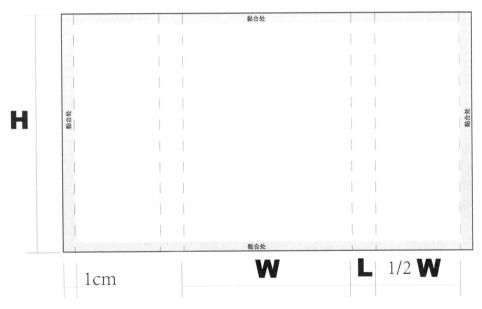

纸袋的展开尺寸

（4）包装装潢及造型设计

① 造型设计

造型是包装设计的灵魂，根据产品的不同特性和消费定位，在包装设计伊始，造型的确定将为之后的画面设计提供最大的创作思路，也为产品的品牌塑造最基础的形象。成功的包装作品是包装造型、产品文化和品牌定位三者合一的经典展现。在包装创作过程中也会体现在产品的价格定位和产品本身的包装需求上，特殊造型包装一般会用在精致包装和豪华包装上，而普通造型包装在产品的应用方面则是大众化且相对普及的。所以相对普通包装来说个性化造型包装工艺相对复杂，造价也会较高。包装造型分为基本造型和个性化造型。

基本造型，即以几何形状为主体的包装类型，如方形、棱形、八边形、六边形、五边形、三边形、五角形、梯形、弧形、导角形等。

个性化造型，即仿生包装、趣味包装、互动包装、不规则包装等。具体体现如：玩具、公仔、鱼、树、汽车、建筑等。

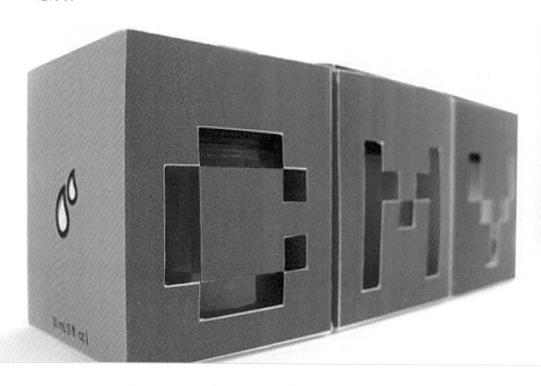

② 结构设计

纸包装结构

纸包装的结构设计是指为固定和保护被包装物而进行的立体结构、强度等方面的设计和规划，包括包装的黏合、嵌扣、插钩、空间分隔、开合方式、人体工程学以及密封设计。包装的结构大致有以下四种形式：

A．一体式，主要用在快递盒、数码产品以及高档服装等包装上；

B．分体式，以盒体和盖子分体组合为主的包装盒，如上下盖式、抽屉式、造型分体组合等形式；

C．辅助式，多以捆绑促销、后期包装弥补以及帮助现有包装产品展示的包装形式；

D．嵌套式，即成套的包装形式，不同大小的嵌套以及阴阳包装形式结合。多用在玩具、趣味产品以及食品等领域。

强度

在纸质包装的设计过程中，需根据包装所承载的重量和体积不同来选择不同强度的材质包装形式。质量相对较轻的产品，如香烟、休闲食品可以使用材质较为软的纸质包装，同时黏合方式可以选择普通胶盒或插扣式包装形式。对于较为沉重的、易碎以及液体、软体内容物，一般比较结构以及材质我们都会选择强度较大的包装来满足内容物对包装的需求，如电子产品、酒、瓷器、粉状物等。而对纸盒来说，盒底的设计一般采用自封底结构或快速推合封底来解决。

③ 装潢设计

包装装潢设计是将商品包装展示面的商标、图形、文字和组合排列在一起的一个完整的画面。这四方面的组合构成了包装装潢的整体效果。包装装潢设计构图四要素:商标、图形、文字和色彩运用得正确、适当、美观,就可称为优秀的设计作品。

❀ 商标设计

成功的商标设计,应该是创意表现有机结合的产物。创意是根据设计要求,对商标所代表的企业或是产品理念进行综合、分析、归纳、概括,通过哲理的思考,化抽象为形象,将设计概念由抽象的评议表现逐步转化为具体的形象设计。

❀ 图形设计

图形作为设计的语言,就是要把形象内在、外在的构成因素表现出来,以视觉形象的形式把信息传达给消费者。要达此目的,图形设计的定位准确是非常关键的。

❀ 色彩设计

包装装潢设计中的色彩要求醒目,对比强烈,有较强的吸引力和竞争力,以唤起消费者的购买欲望,促进销售。例如,食品类用鲜明丰富的色调,以暖色为主,

突出食品的新鲜、营养和味觉；医药类多用单纯的冷暖色调，例如，药品千万不要用大红大绿；化妆品类常用柔和的中间色调；小五金、机械工具类常用蓝、黑及其他沉着的色块，以表明坚实、精密和耐用的特点；儿童玩具类常用鲜艳夺目的纯色和冷暖对比强烈的各种色块，以符合儿童的心理和爱好；体育用品类多采用鲜亮色块，以增加活跃、运动的感觉。

色彩的选择与组合在包装设计中是非常重要的，往往是决定包装设计优劣的关键。追求包装色彩的调和、精练、单纯，实质上就是要避免包装上用色过多的累赘。

❀ 文字设计

包装装潢设计中的文字设计的要点有：文字内容简明、真实、生动、易读、易记；字体设计应反映商品的特点、性质、独特性，并具备良好的识别性和审美功能；文字的编排与包装的整体设计风格应和谐。

（5）制作手样

① 制作工具

尺：丁字尺、直尺、三角板、圆规、游标卡尺

刀：美工刀、剪刀、齿刀

笔：圆珠笔、铅笔、制图笔

黏合剂：黏合胶、订书器

板：切割板或玻璃板

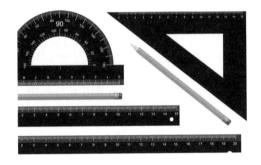

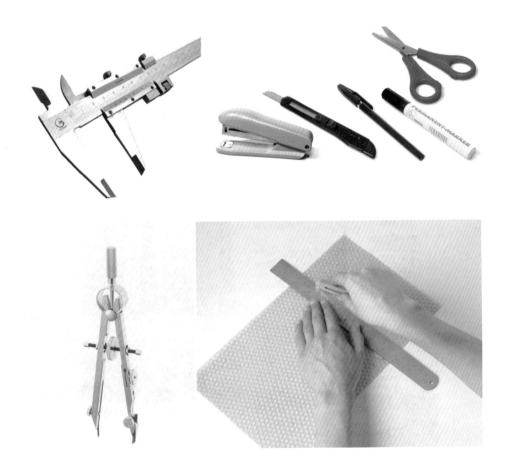

② 制作步骤

step 1 测量被包装物尺寸

寻找和预定材质相同的纸板 **step 2**

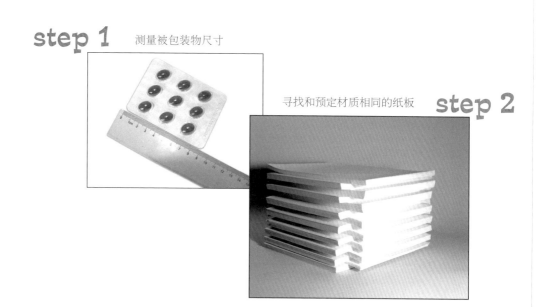

step 3 手绘出模切版

压痕 **step 4**

手样制作完毕 **step 6**

step 5 裁剪并折叠成型

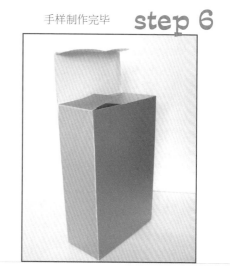

纸质包装设计中的模切版用到的线

1. 一般裁切线（极细线）：用来将不需要的部分切割分离的标志线。

2. 一般折线（极细虚线）：用来将材料折合的标志线。

A. 折线

1. 双刀折线：如果盒子需要有一个较窄的厚度，这时就要用到这种折线了；

2. 一刀折线（2mm）：利用无锋或圆刀刀版进行冲轧后产生的折合线；

3. 齿刀折线（14mm×14mm，1.5mm）：为了让盒子更好折合，降低材料的强度而同时采用冲轧和镂切的标志线。

B. 功能切刀线

1. 龙线（齿刀1.5mm×1.5mm）：用于材质强度较弱材料进行撕扯而采用的切割标志线；

2. 弧形齿刀（1.5mm×1.5mm）：用于材质强度较弱材料进行撕扯或者利用齿刀线来折成某种形状而采用的切割标志线；

3. 齿刀（3mm×3mm）：一般是反折用，通常也用在胶合处增加摩擦力；

4. 齿刀（12mm×6m）：一般是反折用，或在自动糊盒时，降低糊盒机的运转难度；

5. 水波形切刀：这种刀版是为了更好地撕扯而设计的，优点是撕扯后较为美观，缺点是成本高；

6. 棱波形切刀（X×0.8mm）：为了撕出形状而采用的刀版，作用同上，极易实现功能，连接处约有0.8mm；

7. 拉链式切刀：一般来说，这种刀版是成对出现的，有方向性，可以定向撕开并毫不费力，方向用错无法撕开；

8. S形拉链式切刀：这类切刀是从拉链式切刀演化而来的，一般用在食品盒上直接将需要撕掉的部分按切刀给出的形状引导顺利撕开，刀形美观。

9. 接力齿刀（X×1.5mm，0.8mm）：此类切刀工艺用在既能保证盒体强度又易撕开的盒体上，常常和拉链式切刀或S形拉链式切刀配合使用，在盒体的不同平面延伸使用。

一般裁切线 ———————————————————

一般折线 -

A. 折线

1. 双刀折线 ＝＝＝＝＝＝＝＝＝＝＝＝

2. 一刀折线 (2mm) ▬▬▬▬▬▬▬▬▬▬

3. 齿刀折线 (14mm×14mm, 1.5mm) ▬▬▬ ▬▬▬ ▬▬▬

B. 功能切刀线

1. 龙线 (齿刀1.5mm×1.5mm) - - - - - - - - - -

2. 弧形齿刀 (1.5mm×1.5mm)

3. 齿刀 (3mm×3mm) - - - - - - - - -

4. 齿刀 (12mm×6mm) — — — — — —

5. 水波形切刀

6. 棱波形切刀 (X×0.8mm)

7. 拉链式切刀

8. S形拉链式切刀

9. 接力齿刀 (X×1.5mm, 0.8mm) -- -- -- -- -- --

4．自动化包装生产

自动化包装机械为包装企业繁重的包装工作提供了可靠的质量和更高的生产效率。新的产品上市速度对加快商业包装从设计到生产的数量、品质以及生产速度有了更高的要求和精准度。

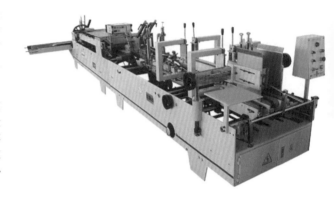

自动化包装机械对包装设计工艺有着严格的规范和要求，因此我们在设计一款包装的时候，应该充分考虑到其制作环节是否要应用到自动化机械，这就需要在设计之初与客户充分沟通，必要时还需要到包装印刷企业考察学习。

全自动糊盒机

全自动贴标机

第2章 国际标准盒型

2

在包装工业发展的历程中，人们不断地探寻着更加完美的包装形式和工艺，更高效的包装流程和水平。为了达到这个目标，人们经过长期的规范，制定出了常用包装形式的标准盒型和生产规范。随着当今世界包装生产工艺和印刷技术的不断进步，包装盒型标准也在不断地更新和发展。本章专门以国际上常用的包装标准盒型作为依据，力求从包装造型、结构进行展示和剖析，供读者参考。

1. 直式插舌标准纸盒

> 名称　直式插舌标准纸盒。国际上称 S.T.E.，即 Straight Tuck End

> 特点　简单易用，表面平整，适合于整体画面设计和成品的陈列。

> 描述　这一款称得上是纸包装盒的开山鼻祖，应用广泛。市面上大多数包装盒
> 采用的是这款造型，堪称经典。包装内容物可以是固体、粉状、颗粒等，还可
> 以通过改变其材质强度满足不同的需求。

2. 直式锁舌开窗盒

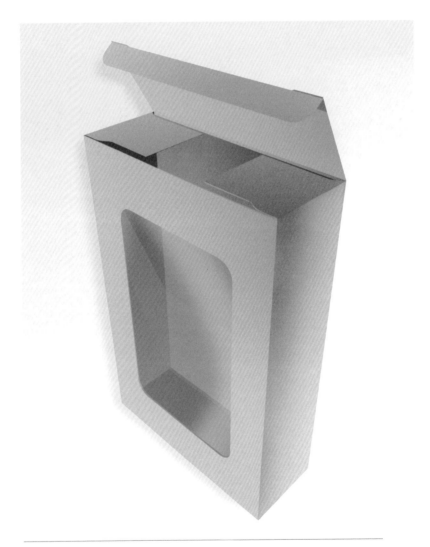

> 名称   直式锁舌开窗盒

> 特点   最大程度地展示包装内容物，方便易用。

> 描述   此款包装盒专门为需要展示包装内容产品而度身定制。整体结构与
> 直式插舌标准纸盒相仿，在插舌部分设计了卡锁缺口解决了包装受力或材
> 质本身强度反作用力而开盖的不利因素，同时在盒体上开窗以展示产品，
> 让消费者更方便地了解产品本身。

3. 自封底盒

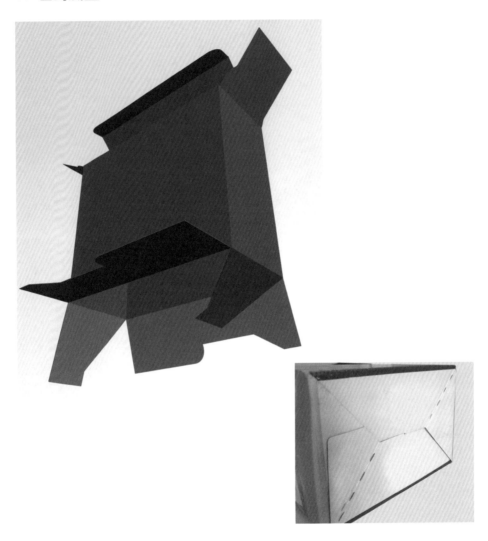

> 名称   自封底盒，国际上称Auto Bottom

> 特点   此款盒型以自动封底为特色，强度高。

> 描述   此款盒型在生产时一次性粘好，使用的时候只需撑开即可以自动形
> 成高强度的包装盒受力底部，使用方便、生产简单，已经成为包装市场中
> 的主力军团。

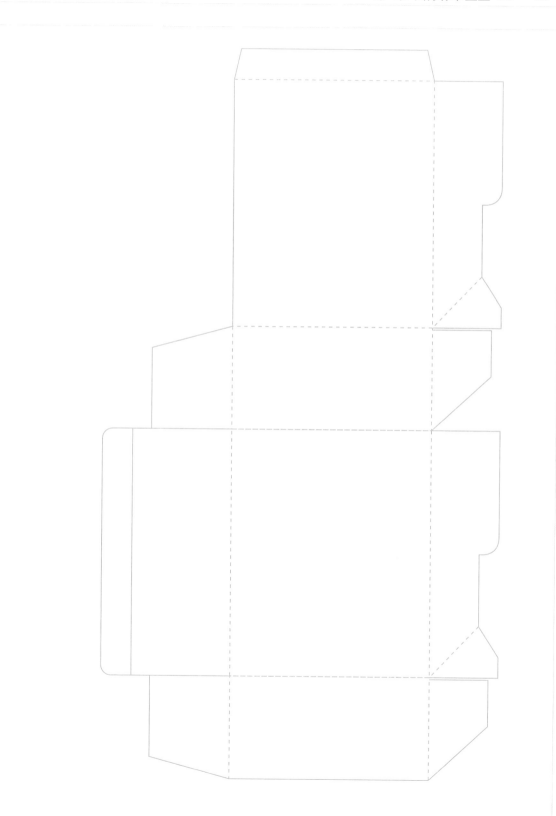

4. 快速封底盒

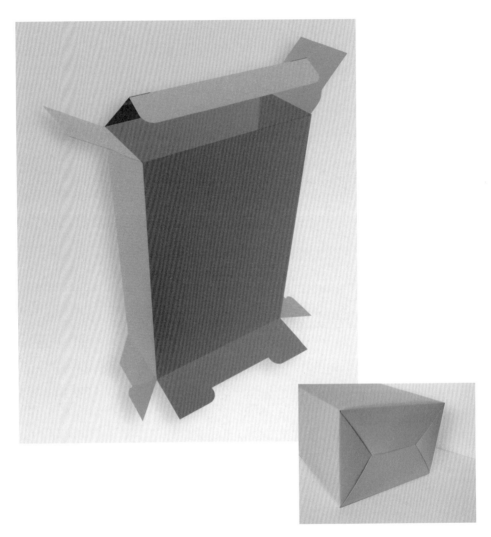

> 名称   快速封底盒，国际上称 Snap Lock Bottom

> 特点   盒底无须胶粘，扣合盒底时快捷、迅速。

> 描述   快速封底盒是经过长期的包装使用过程而产生的盒底扣合方式。盒
>   底由左右对称防尘盖与前后凹凸插盖相互插扣而成。受力强度大，使用方
>   便。适用于食品、小家电、玩具等产品的包装。

5. 对称扣合锁底盒

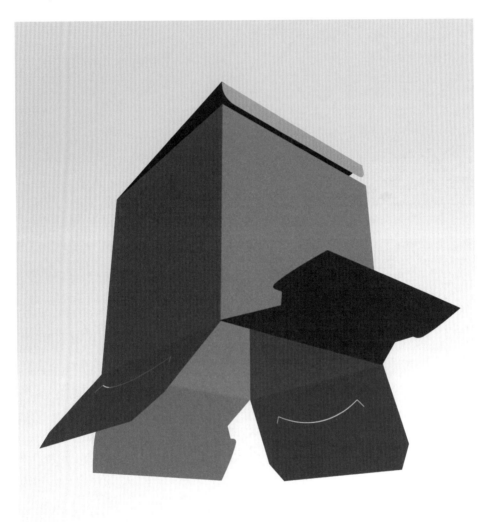

> 名称　对称扣合锁底盒，国际上称 Ear Hook Double Lock

> 特点　盒底无须胶粘，插扣相对复杂，盒底相对美观精致。

> 描述　对称扣合锁底盒是注重盒底类包装盒，通过对称扣合使盒体的受力强度增大，常用于方形底盒。适用于化妆品、文具等的包装。

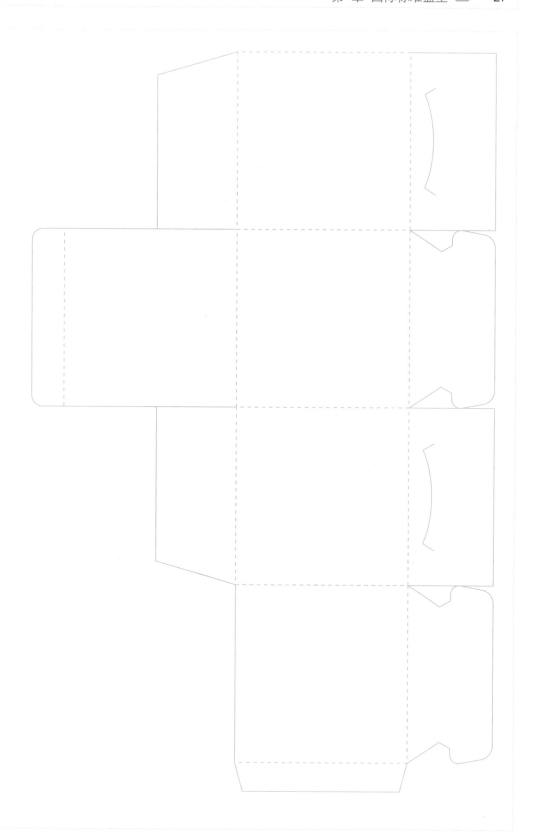

6. 花式对称扣合锁底盒

> 名称   花式对称扣合锁底盒

> 特点   花插扣相对复杂，盒底相对美观精致、受力强度大。

> 描述   方形盒常用的盒底设计。适用于酒、化妆品、玻璃、陶瓷用品等的
> 包装。

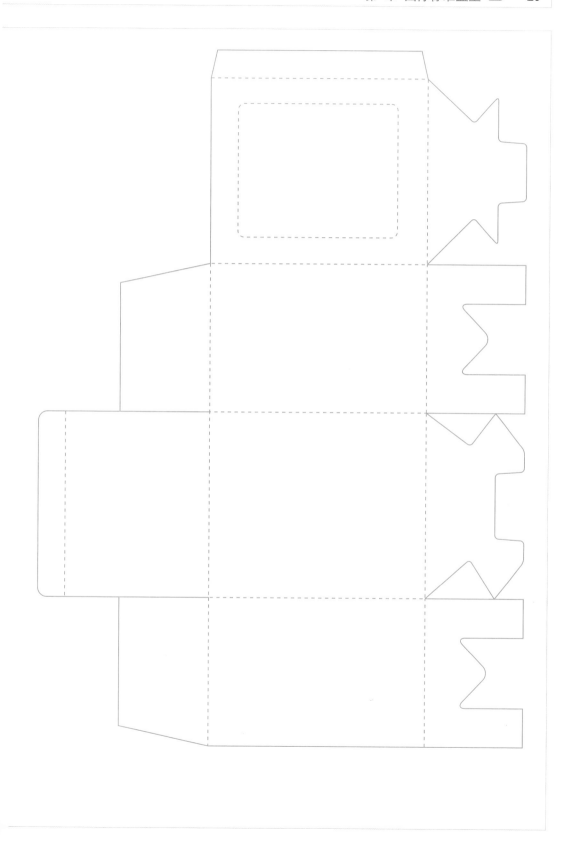

7. 尾端封口型盒

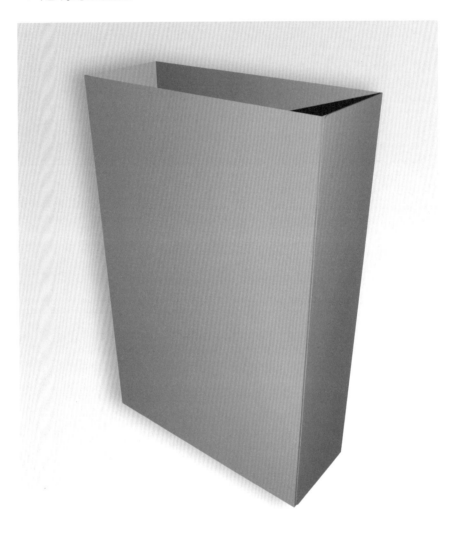

> 名称　尾端封口型盒，国际上称 Seal End

> 特点　简单、易批量生产、使用方便。

> 描述　　此款包装顶部不封口，可独立作为常用盒式产品使用，结构简单，
三边均黏合。

8. 双边墙盒

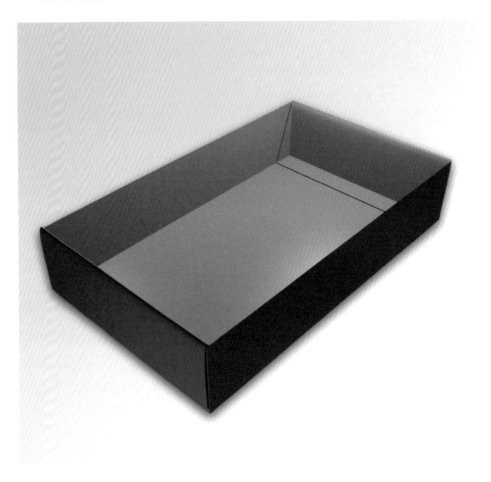

> 名称 双边墙盒

> 特点 造型简易，利用材质本身的强度来支撑盒体结构。

> 描述   利用纸板折合而成的敞口盒子，可以作为产品的展示包装，也可以
> 组合成为非连接上下盖盒。用途广泛，如包装鲜蔬、休闲食品、服装等。

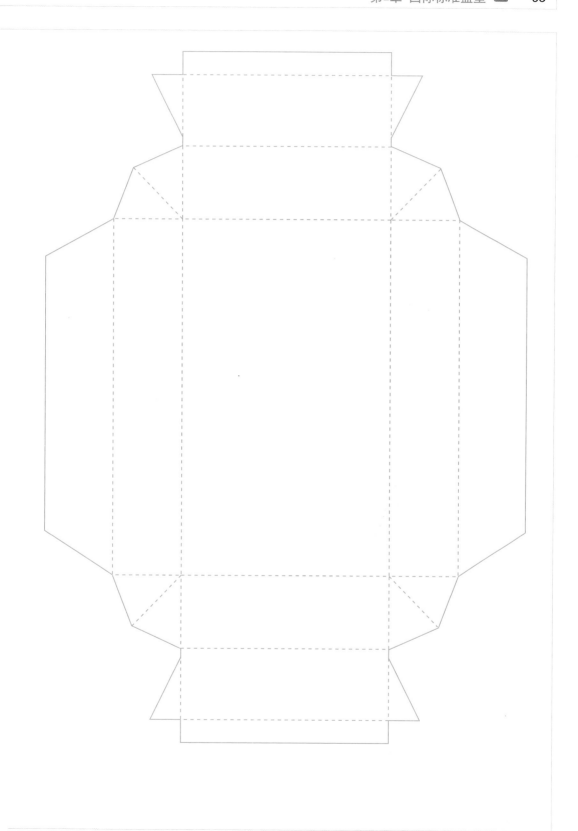

9. 书本式包装盒

> 名称   书本式包装盒

> 特点   个性化，一体无胶粘、包装精美。

> 描述   这是一个将造型艺术和包装工艺完美结合的包装设计。将扣合和翻
> 书的使用习惯融入了包装之中。

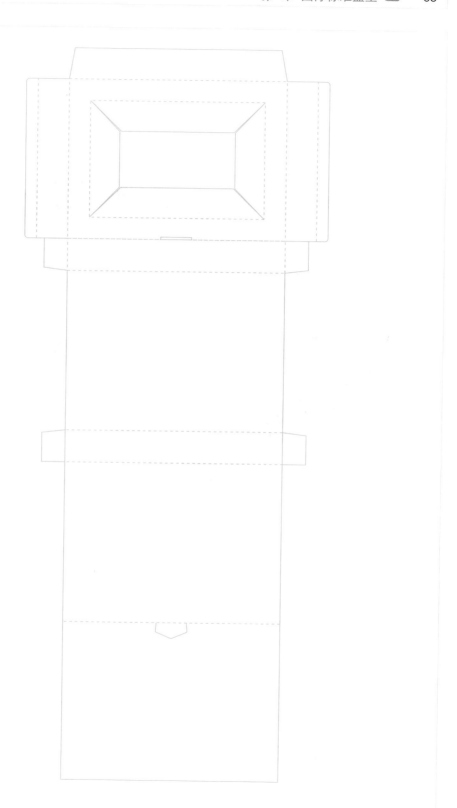

10．一体成型扣脚盒

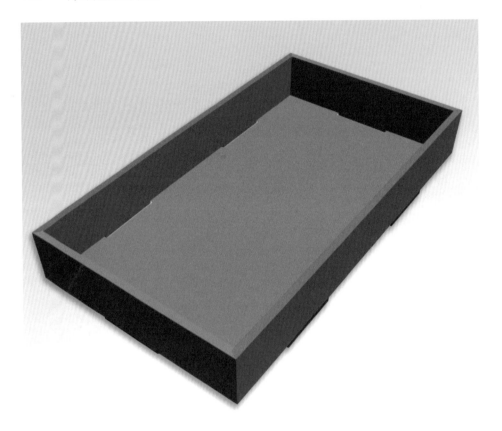

> 名称   一体成型扣脚盒，国际上称 Foot Lock

> 特点   一体成型、节约材料结构强度大，符合自动化包装批量生产要求。

> 描述   利用纸板自身的强度，折弯和扣合成型，常用于包装高档水果，食品以及日常用品。

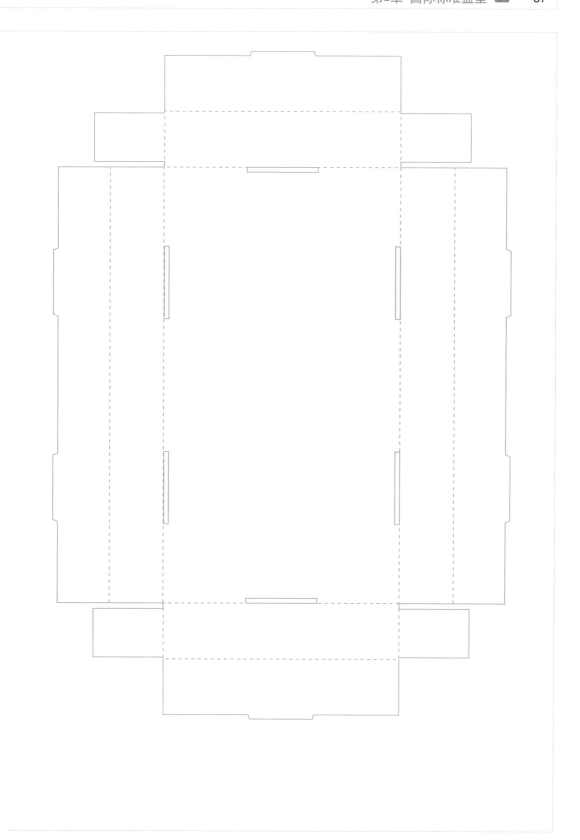

11. 展示盒

> 名称   展示盒

> 特点   突出展示功能和操作性，使用方便。

> 描述   这是一体成型的展示类包装，由扣脚盒延伸出展示面板而产生。
> 用于食品、礼品、文化用品的包装陈列展示。

12. 六点胶合盒

> 名称   六点胶合盒

> 特点   结构简易，但保留了封盖功能，盒子强度稍弱，是典型包装的一种。

> 描述   这是一款常用的盖式包装，由一张纸折、粘而成，分为盒体和盖体两
>   个相互连接的部分。主要用途是包装水果、蔬菜以及文化资料等。

13. 各式包装盒的应用范围

类型	特点	结构	强度	应用范围
直式插舌标准纸盒	上、下盖均由前向后盖、设计平面大、方便整合设计、适合陈列	简单	适中	化妆品、扑克、玩具、电器、日用品、食品
自封底盒	上盖由前向后盖、盒底部分糊死，由于盒底有很强的支撑功能，所以盒子可以放较重的物品	简单	强	化妆品、玩具、食品、五金零件、电子产品、创意礼品盒
快速锁底盒	一般说来选材较为坚挺厚实，盒子上盖由前向后盖、盒底侧底盖（又称斜角定位扣）对折并覆压后底盖，前底盖（插舌）推入即可，由于盒底有很强的支撑功能，所以盒子可以放较重的物品，使用方便	简单	强	化妆品、酒、瓷器、小家电、食品
对称扣合锁底盒	盒底工艺相对复杂，但重力承受力强，盒底相互卡插处分担盒底重力	复杂	强	玩具、化妆品、五金、陶瓷等较重的物品
尾端封口型盒	高产量、高效率、自动糊盒、无插舌无锁扣。适合自动化生产	简单	弱	化工产品、食品等粉状产品
双边墙盒	盒型较扁，可上下盖式亦可抽屉式，盒型不易保持、易变形	复杂	弱	服装、精装食品、玩具
书本式包装盒	造型美观、平面设计要素集中方便设计。结构立体，适合造型堆放陈列，同时有自动锁扣，安全，抗震效果好	复杂	适中	玩具、小电器、化妆品、高档调味品、糖果、影像作品及书籍
一体成型扣脚盒	这是一体成型盒的雏形，强度大、使用方便、抗震效果好	复杂	强	辅助包装、酸奶、礼品蔬菜、水果、酒、饮料
带盖脚扣盒	一体成型、强度高、抗震、平面设计要素集中不易变形，适合自动包装机批量制作	复杂	强	玩具、服装、数码产品
展示盒	盒型优美、有展示功能、一次性使用、适合在销售终端展示	简单	弱	休闲食品、糖果、玩具、创意礼品
四点胶合盒	结构简单适用范围广泛，制作工艺简单和成本较低	简单	弱	服装、鲜果蔬、毛衣、毛衫、食品、玩具
六点胶合盒	结构简单适用范围广泛	简单	弱	服装、雪糕、冻鱼、冻虾、海鲜

3

第3章　经典案例

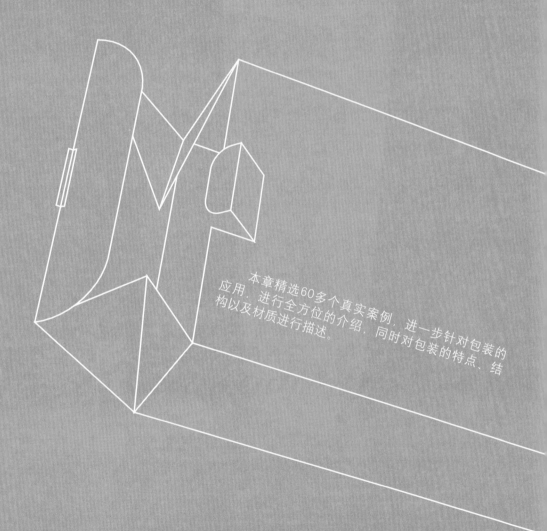

本章精选60多个真实案例，进一步针对包装的应用，进行全方位的介绍，同时对包装的特点、结构以及材质进行描述。

1. 食品包装类

> 项目名称　**导角八棱盒**

> 材质　**卡纸裱200g/m²铜版纸**

> 描述　**盒子精致美观，制作工艺相对简单、折弯黏合成型。同时在盒子较上部位打上接力齿刀线和扣撕的切口，方便盒盖的开启。常常用于休闲食品和玩具等产品包装。**

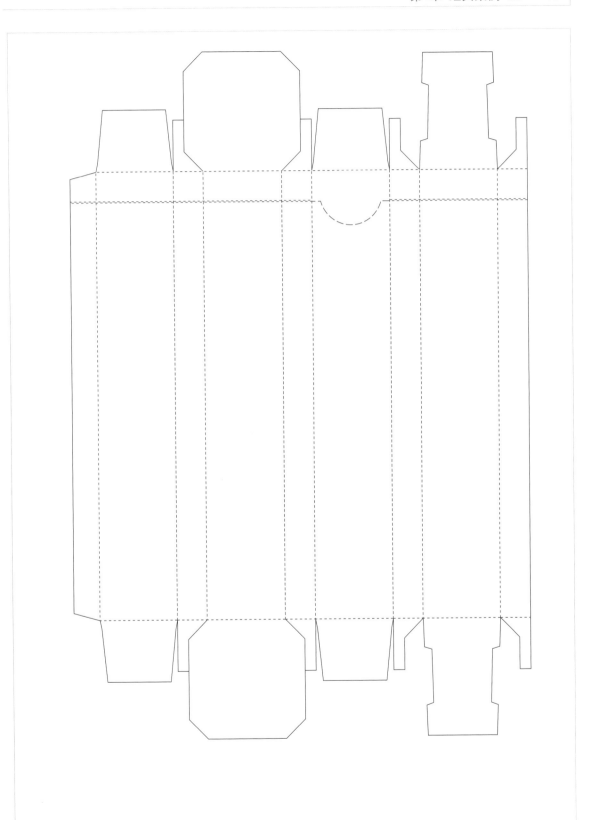

> 项目名称   比萨盒

> 材质   卡纸或细瓦楞纸

> 描述   这是一款典型的扣脚式无粘一体盒，由于有食品类专属的用途，
> 除了需要在卫生和环保材料上有所要求，在盒体上还留有气孔。

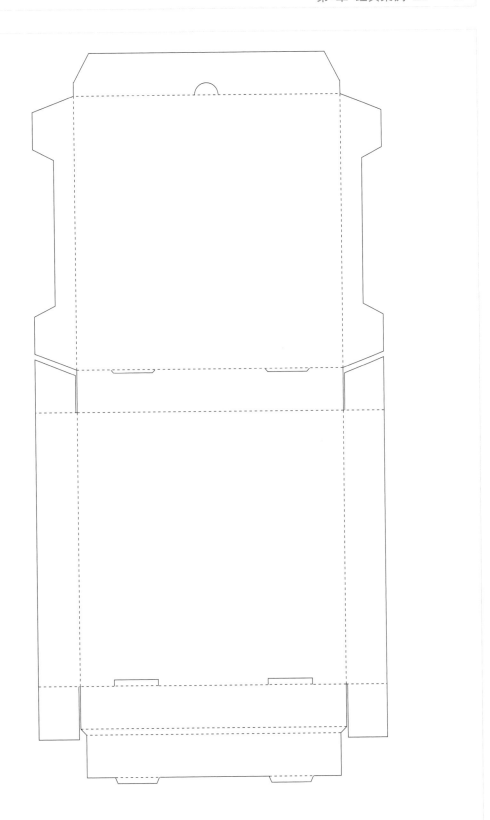

> 项目名称 **方便食品盒**

> 材质 400g/m²防水合成纸

> 描述 盒子结构简单环保，在盒子成型时将折出来的部分加厚到盒壁上，
成为提手和盒体连接的重要支点，盒盖设置了反向插扣。

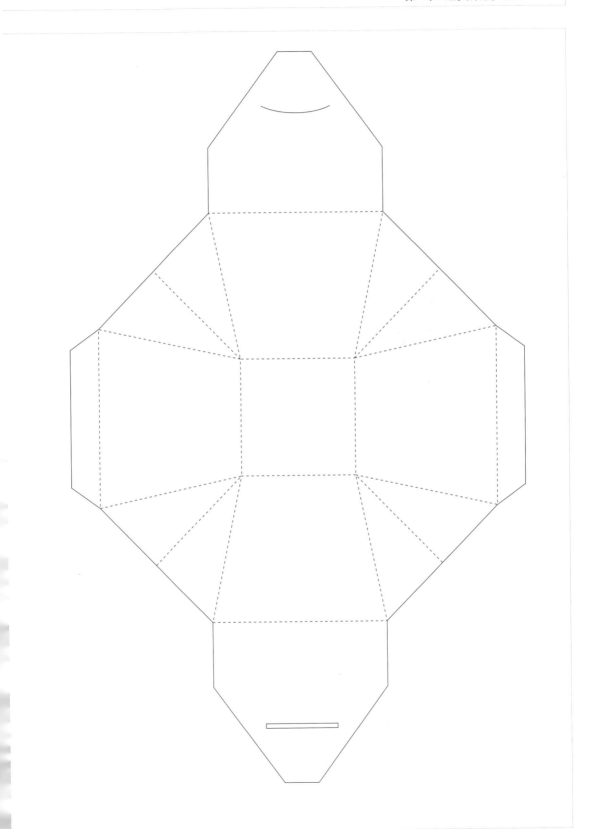

> 项目名称 **蛋挞盒**

> 材质   400g/m² 卡纸

> 描述   典型的四点胶粘盒，盒子后端留有两个通气孔，适合于盛装即食性食品。

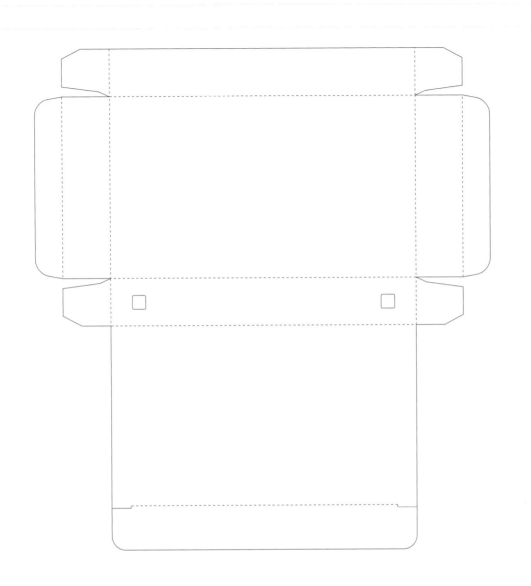

> 项目名称　**挂式包装盒**

> 材质　400g／m²卡纸

> 描述　这款包装是直式插舌标准纸盒的变形，将粘口的地方延伸出来作为形象展示或悬挂结构。特点是使用方便，易陈列，大方美观。

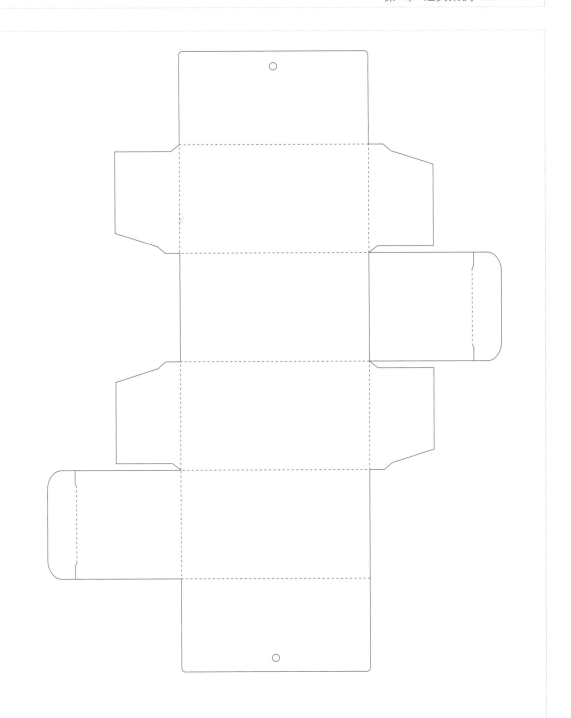

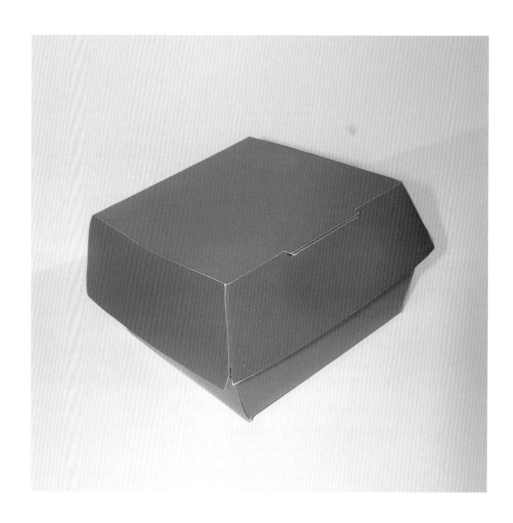

> 项目名称   汉堡盒

> 材质   400g/m²卡纸

> 描述   这是用在汉堡的专用包装，可谓是即食性产品包装的极品，在这款
包装上可体现出高超的盖式纸盒制作工艺，利用1/2压力刀制作折痕，针
对内装圆形汉堡包装，利用十字刀来改善方形盒子装圆形产品的空间问
题，同时可作为通气的气孔。盒体延伸出来结构与盒盖顶端的卡口自然形
成锁扣，非常巧妙。

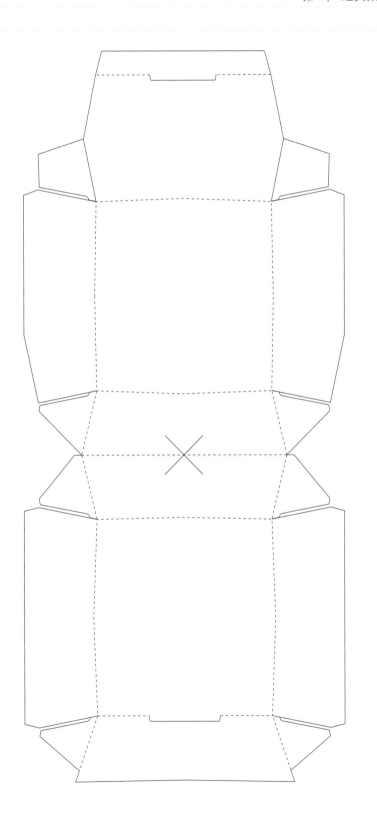

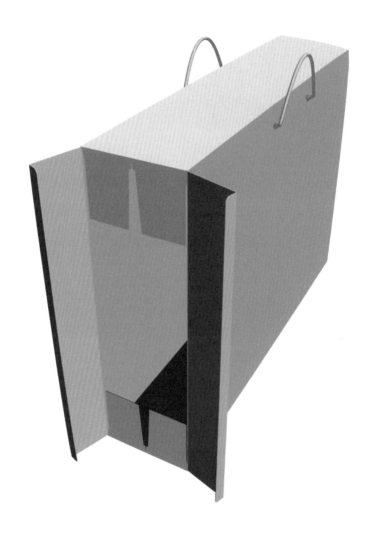

> 项目名称　**侧开启式手提盒**

> 材质　**细瓦楞纸**

> 描述　　本款包装在开启处均有两个盒盖和两对防尘盖,提手是直接在盒子
> 较上部位加装尼龙手挽带,常用于瓶装礼品的外包装。

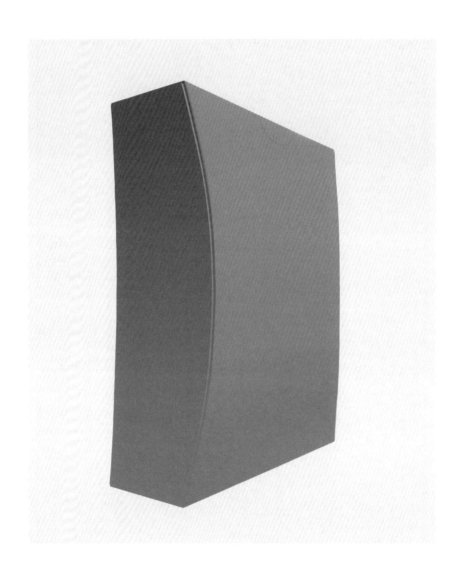

> 项目名称 弧形快速撕开式纸盒

> 材质 400g/m²卡纸

> 描述   利用弧形折线将原本方形的纸盒改造成弧形纸盒，同时在盒子顶部
> 进行了可撕式开启设计。美观精致是休闲食品包装的首选。

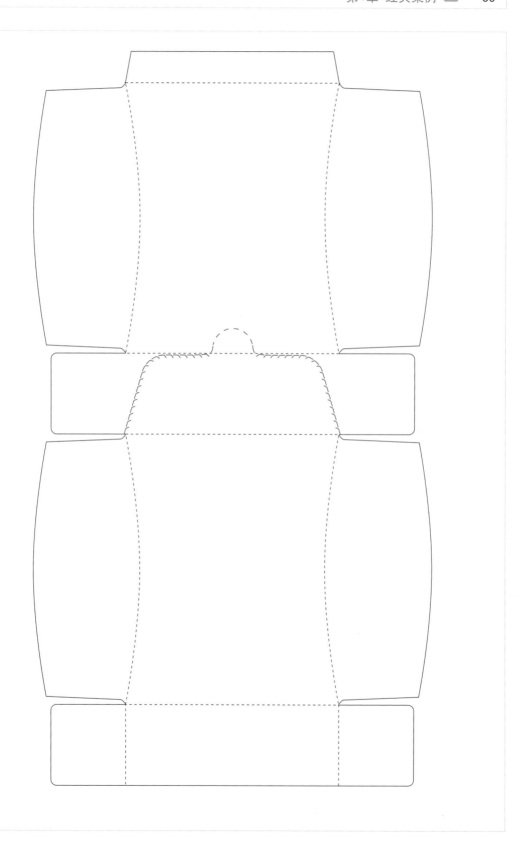

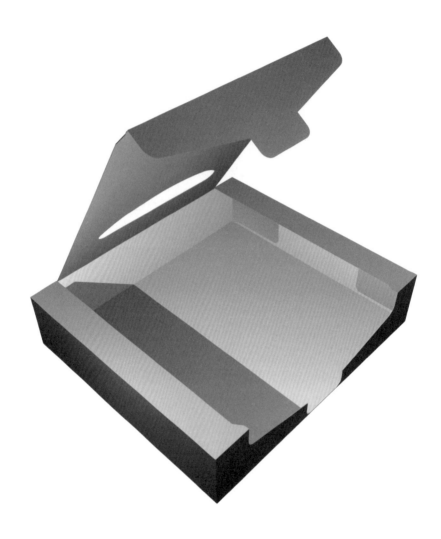

> 项目名称   开窗快速撕开式纸盒

> 材质   400g/m²卡纸

> 描述   为了更方便消费者拆开盒子和展示产品形象，在方形胶合纸盒的盒盖
上开天窗并使用了接力齿刀结合拉链式切刀，同时可以不浪费任何画面空
间，设计师可充分发挥想象进行创作，此款常用在休闲食品、服装产品的包
装上。

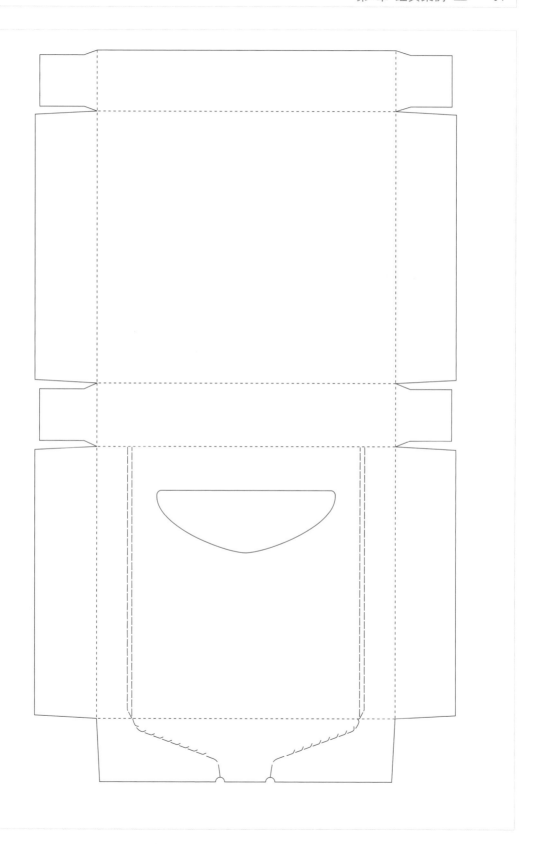

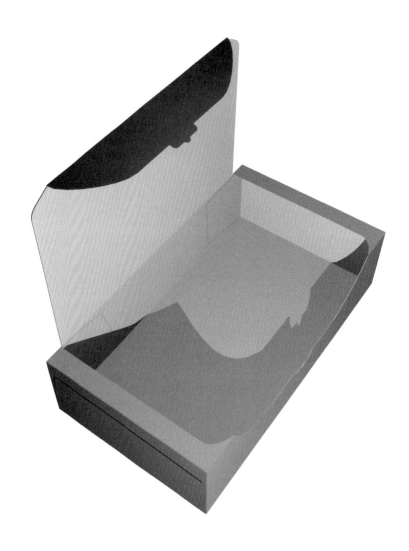

> 项目名称   快速撕开式纸盒

> 材质 $400g/m^2$ 卡纸

> 描述   在方形胶合纸盒使用了接力齿刀结合拉链式切刀，方便撕开，常用
在休闲食品、服装产品的包装上。

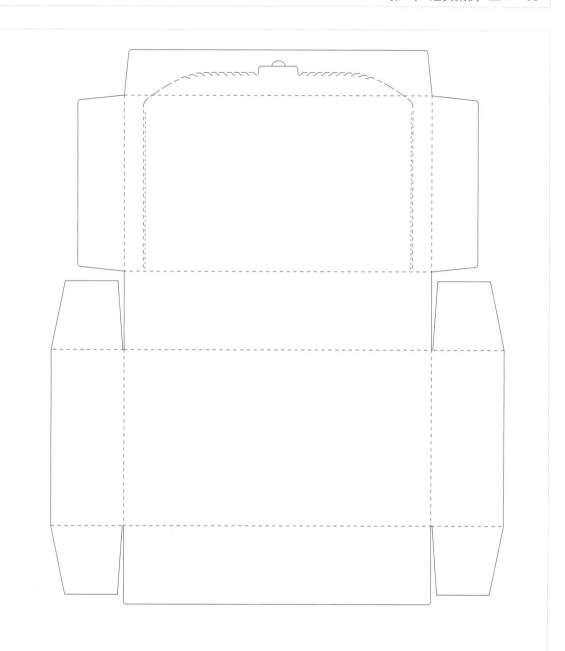

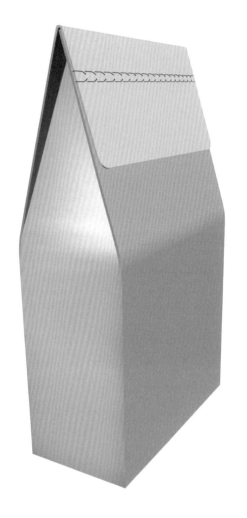

> 项目名称 快速撕开屋顶式纸盒

> 材质 合成纸

> 描述 屋顶式包装，在盒盖粘口处设计了拉链式齿刀，方便撕开，这是个性
化休闲食品颇具创意和温情的包装类型。

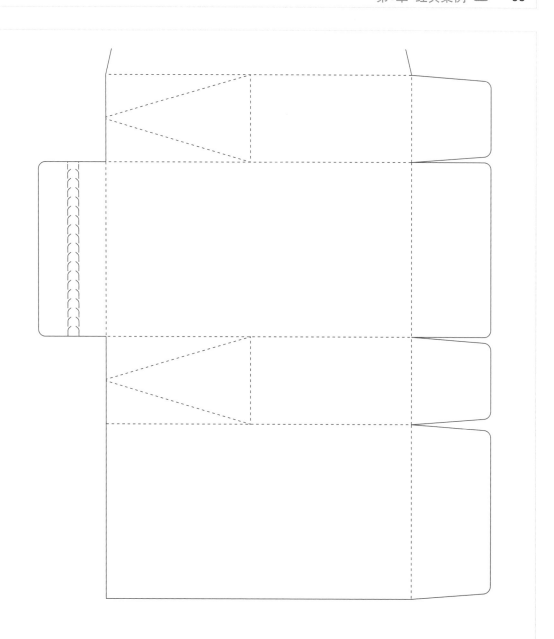

> 项目名称　快速撕开型纸盒

> 材质　300g/m²卡纸

> 描述　　在方形胶合纸盒盒盖处设计了快速撕口结构，方便撕开，常用在休
闲食品、药品的包装上。

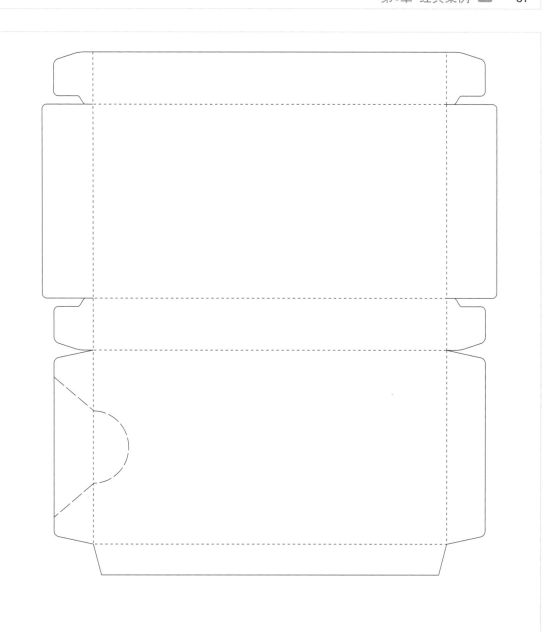

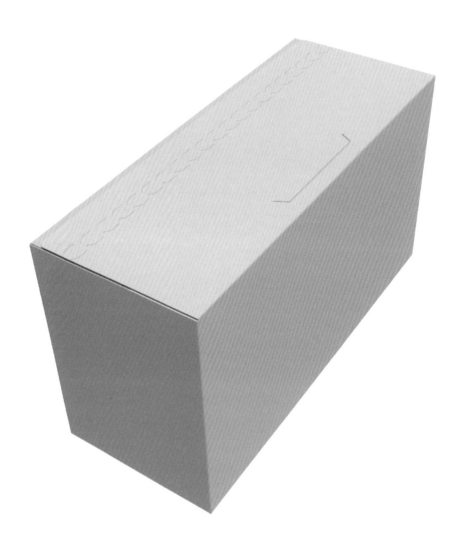

> 项目名称　**快速撕开型纸盒**

> 材质　400g/m²卡纸

> 描述　　在方形胶合纸盒盒盖处设计了拉链式齿刀和撕破后再进行插扣的切
> 口，既方便撕开又方便重复使用，常用在休闲食品、礼品包装上。

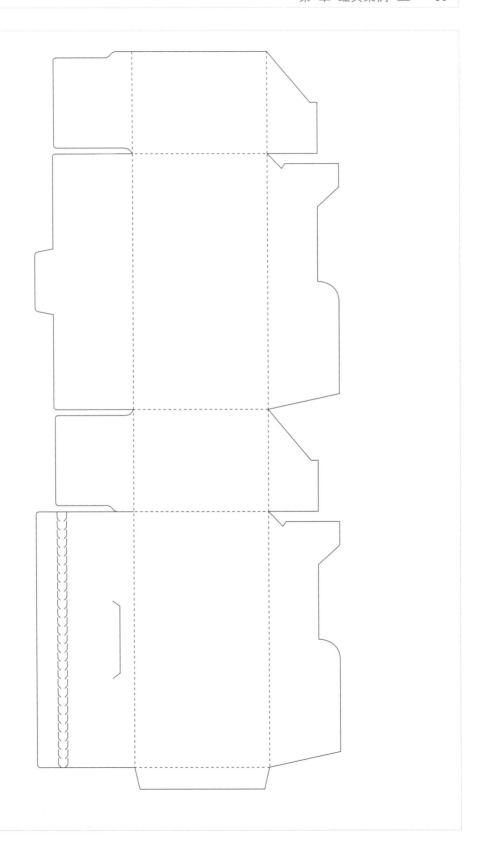

> 项目名称　插舌锁扣盒

> 材质　400g/m²卡纸

> 描述　在典型的标准纸盒的开启处中央设计了插舌锁扣，这样可以防止盒盖自动打开，同时减少了封口签这一环节。

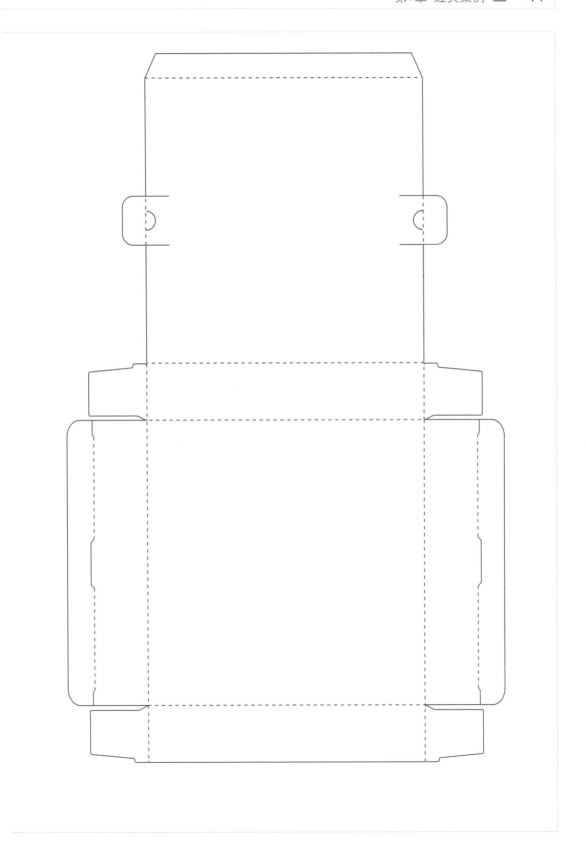

> 项目名称　**复合盖式包装**

> 材质　400g/m²牛皮纸

> 描述　这是礼品点心或高档服装常用的包装形式，包装分为盒盖和盒体两个部分。

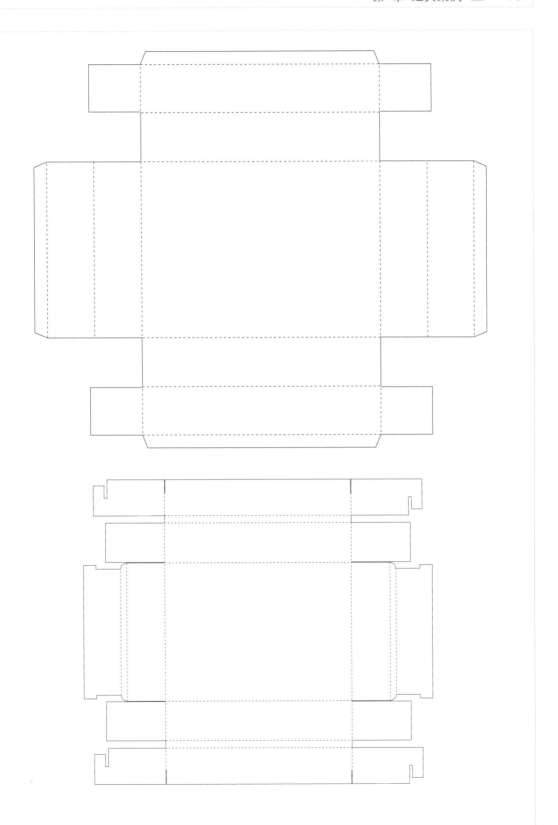

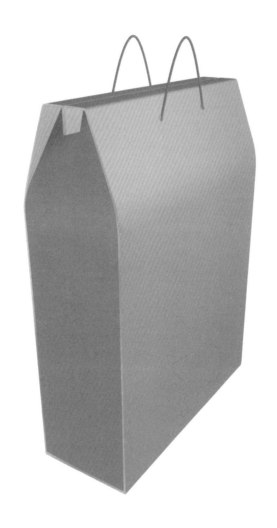

> 项目名称　手挽带式提手盒

> 材质　400g/m^{2}卡纸

> 描述　盒子将防尘盖作为造型支撑，并在中央设计插舌缺口，盒体上部沿
着防尘盖造型折弯到缺口处再弯出两个插舌，其优点是密封性好、盒体强
度高、造型美观，同时在盒体上部打孔来设置提手带，方便手拎。

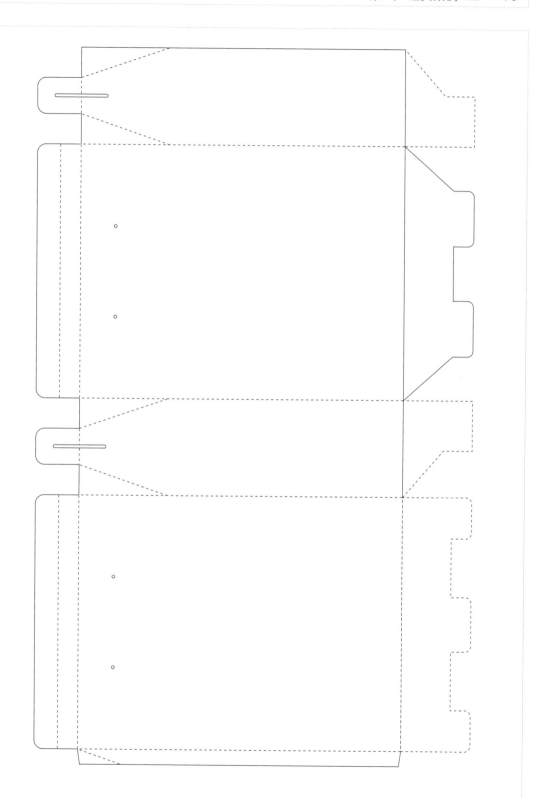

> 项目名称 薯条盒

> 材质 300g/m²卡纸

> 描述 即食性食品包装盒，上不封口，两侧用食品级胶黏合，折叠与打开方便。对于快餐供应来说，使用方便，制作成本较低、工艺简单、易推广。

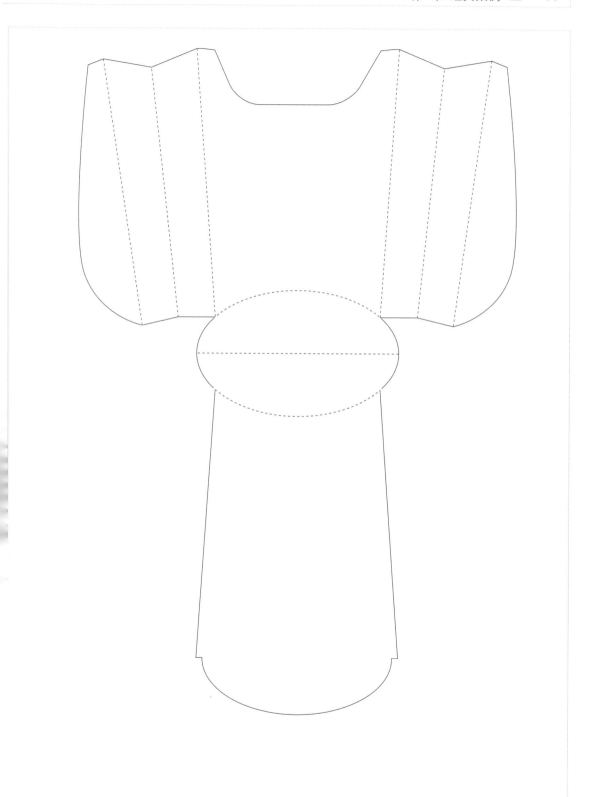

> 项目名称 **蛋糕托盘**

> 材质   300g/㎡卡纸

> 描述   此款托盘利用材质自身的柔韧性折成盒墙（纸舌）来装盛蛋糕，托盘
  十字形，每个折弯起来的纸舌均为圆角。折弯处除压痕之外还打了小孔。

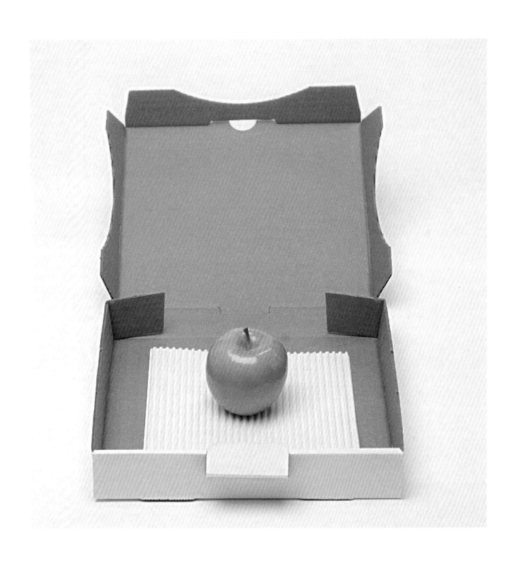

> 项目名称　高档水果包装盒

> 材质　瓦楞纸

> 描述　　因为内容物较沉，所以选择瓦楞纸作为盒子材料。包装是一体盖式
　　　　纸盒结构，同时增加了插舌设计。在包装产品过程中，展开和成型便捷，
　　　　无破坏性设计，可以重复使用。

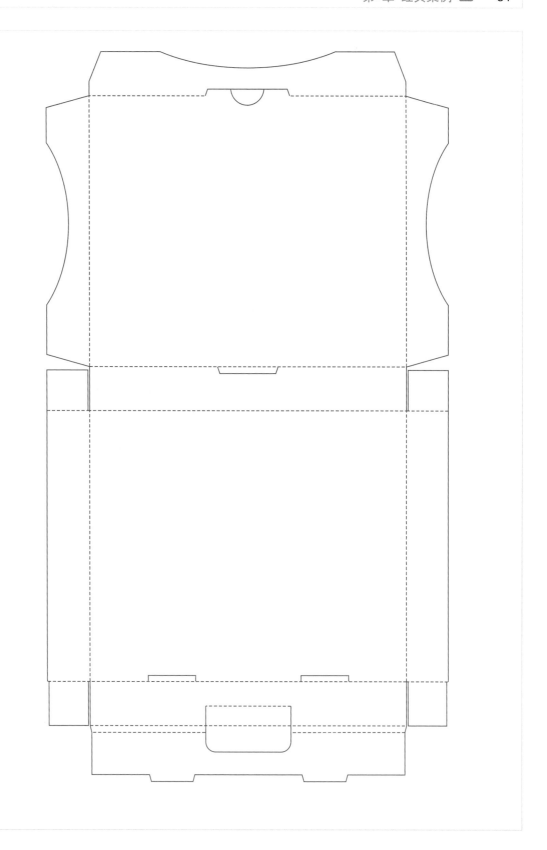

> 项目名称　六听装啤酒简易包装

> 材质　400g／m²卡纸

> 描述　这是一个无须胶黏合的简易包装，以容纳听装啤酒和方便搬运为目
　　　　的。包装在连接处设计了反向插扣和在两侧设计了包裹啤酒的折角以及在
　　　　包装顶部设有提手。设计精细之处可谓简而不减，方便入微。

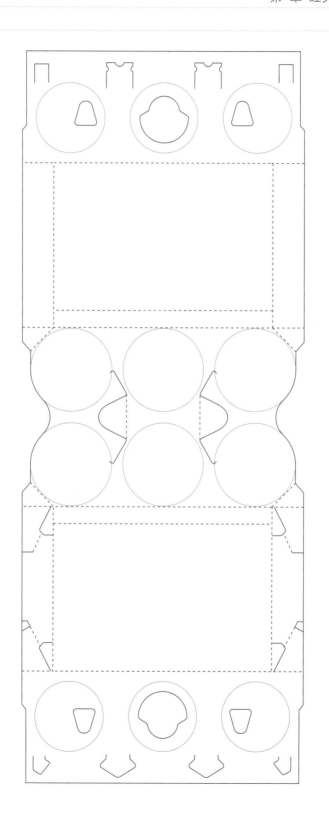

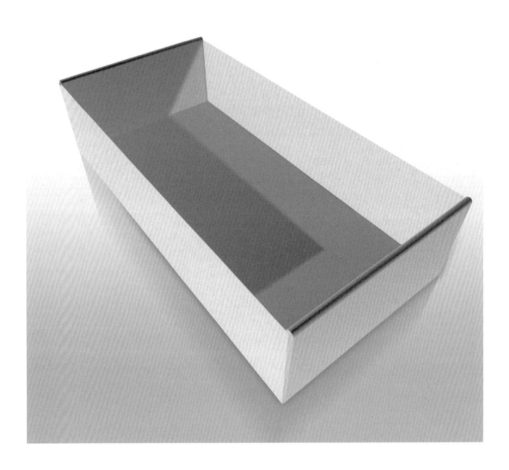

> 项目名称   敞口纸盒

> 材质   400g/m²卡纸

> 描述   这是一款扣脚式敞口纸盒，展开和成型方便，易批量生产，适合自
动包装机械，常用于酸奶、休闲食品的展示包装。

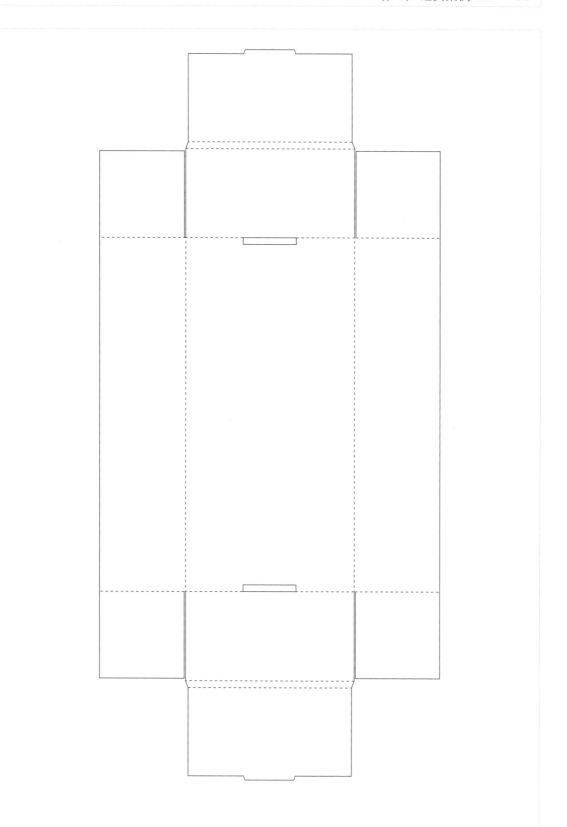

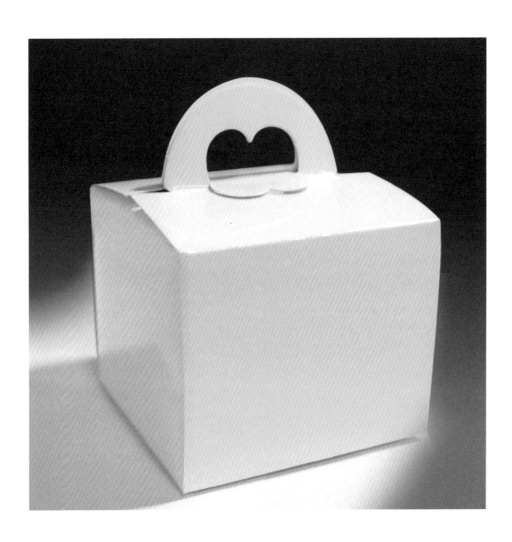

> 项目名称   心形提手盒

> 材质   400g/m² 卡纸

> 描述   这是一个提手类纸盒，盒底是快速封底结构、盒盖设计了一个心形提手，同时利用心形切出的形状成为封闭盒盖的卡舌。

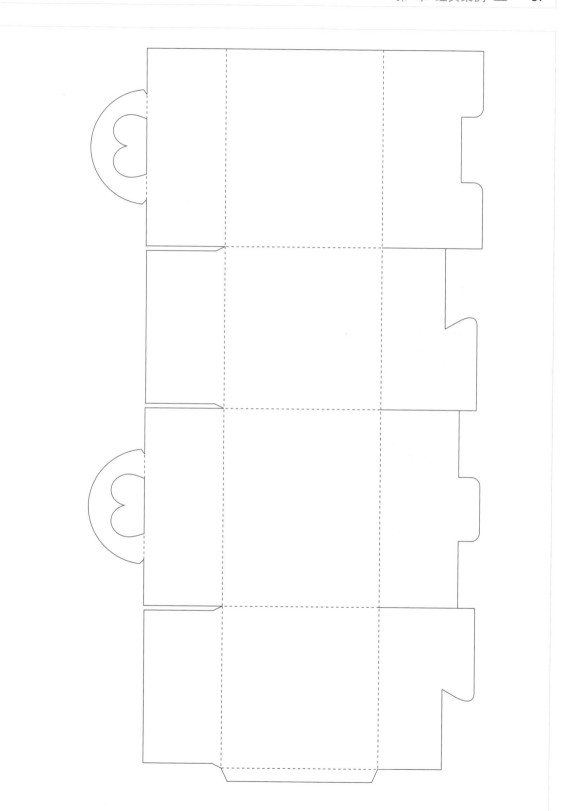

> 项目名称 扣式承重提手纸盒

> 材质 纸板裱200g／m²铜版纸

> 描述   这是一款常用手提式礼品盒的形式，盒底采用快速封底结构，盒盖
对合处延伸出一个提手设计，利用镂空的防尘盖与提手两侧扣合，这样既
解决了提手问题，也提高了盒体的承重强度。

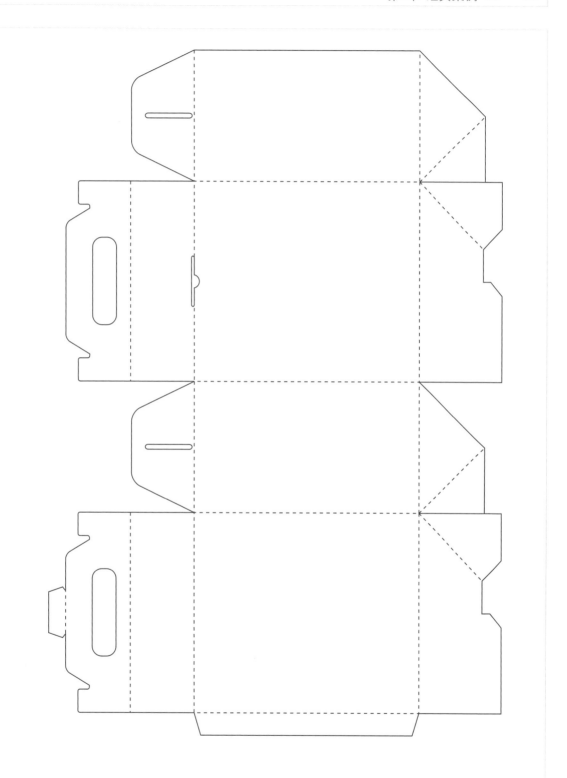

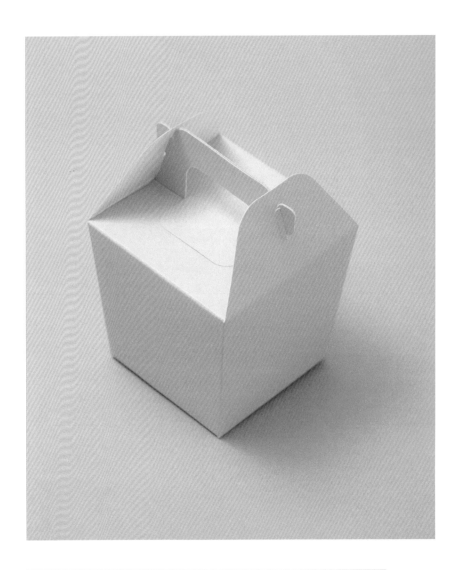

> 项目名称　**扣式承重提手纸盒**

> 材质　　**纸板裱200g／m²铜版纸**

> 描述　　**提手类纸盒，盒底是快速封底结构，提手切出的形状作为封闭盒盖的卡舌，同时镂空防尘盖与提手两侧扣合。盒型美观大方多为食品、礼品包装所青睐。**

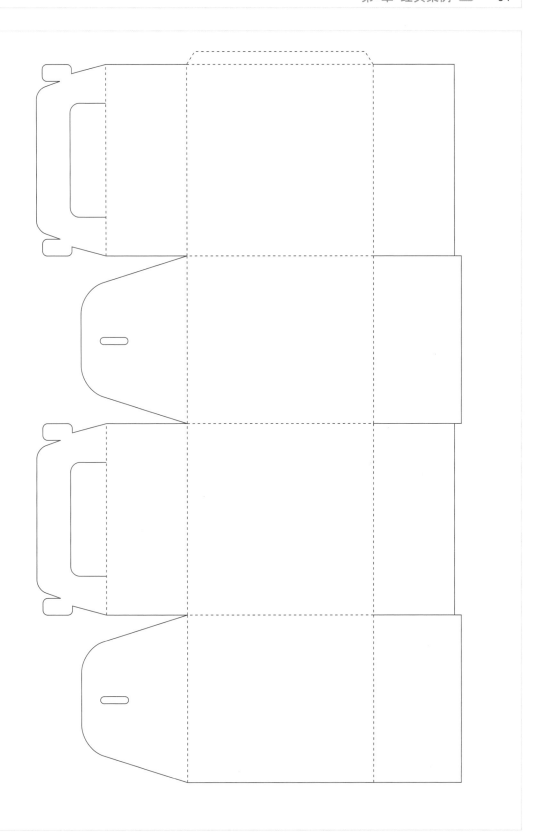

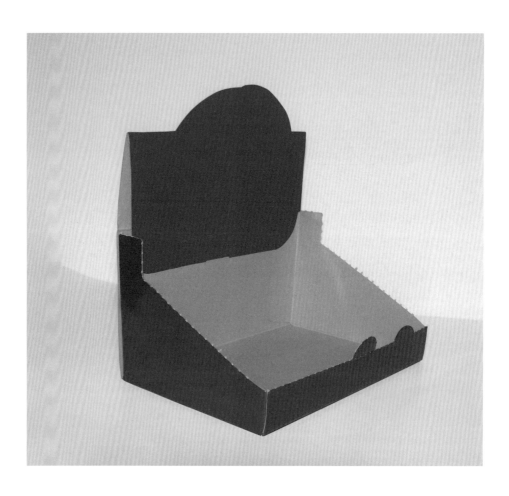

> 项目名称   变形产品展示盒

> 材质   300g/m²铜版纸

> 描述   在标准方形盒子基础上利用齿刀切出可供撕开的陇线，盒子正常打开可以
成为产品包装盒，而按陇线撕开则成为展示盒。因此可称为纸盒中的变形金刚。

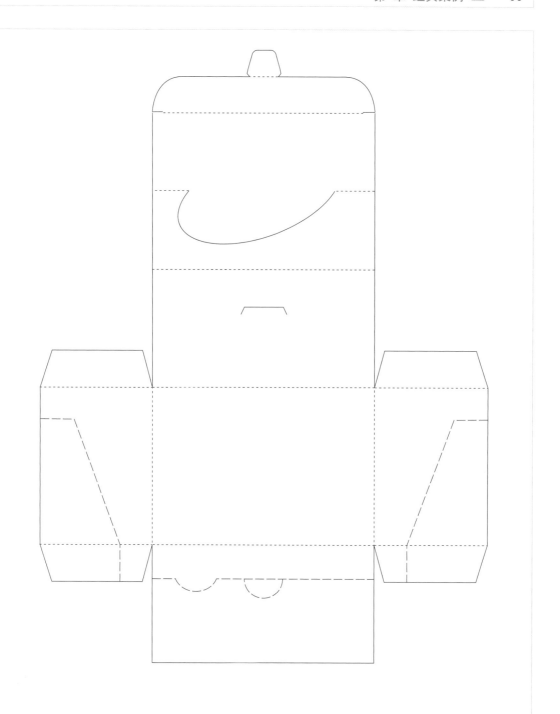

> 项目名称　*产品展示盒*

> 材质　400g/m² 卡纸

> 描述　这是一个充分展示产品形象的包装，装好产品之后再包上透明塑料
纸即可。纸盒是四点胶合结构，左右侧是坡形设计，后侧延伸折弯到盒内
形成斜坡，可以起到填充空间的作用。

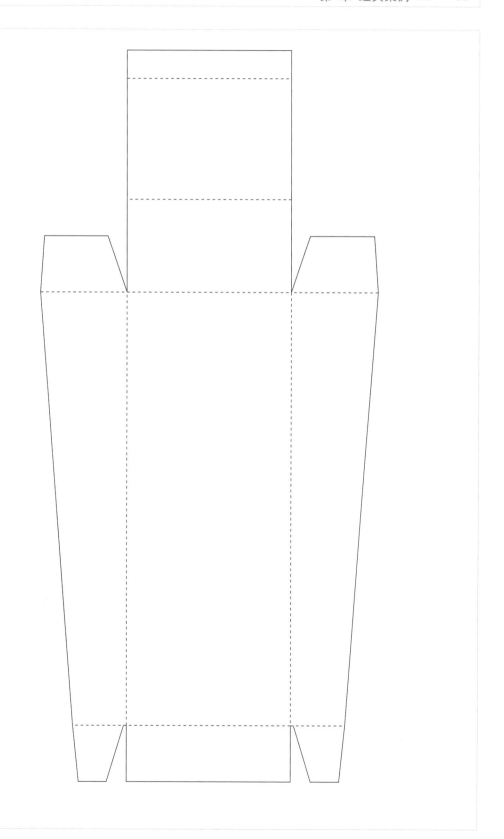

> 项目名称   冰淇淋纸杯

> 材质   防水合成纸

> 描述   纸杯由杯身、杯底和杯盖组成，在包装设计时可以按照不同的容积来控
　　　　制纸杯的规格。纸杯属方便的一次性用品，多用在饮具和固体冷饮产品上。

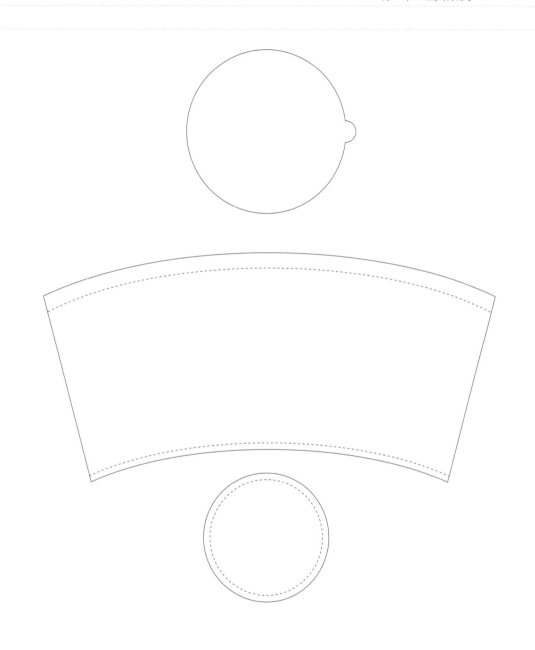

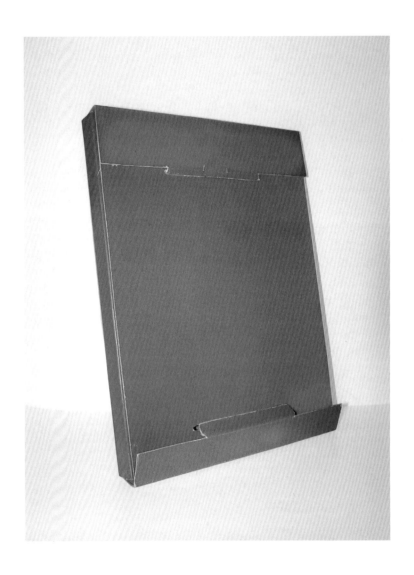

> 项目名称   对称扣合纸盒

> 材质   瓦楞纸

> 描述   纸盒在盒子前部镂出两个扣孔，将上面两个盒盖延伸出来的插舌扣
>   入孔中。这是一款创意纸盒，多用在创意礼品和读物的精致包装。

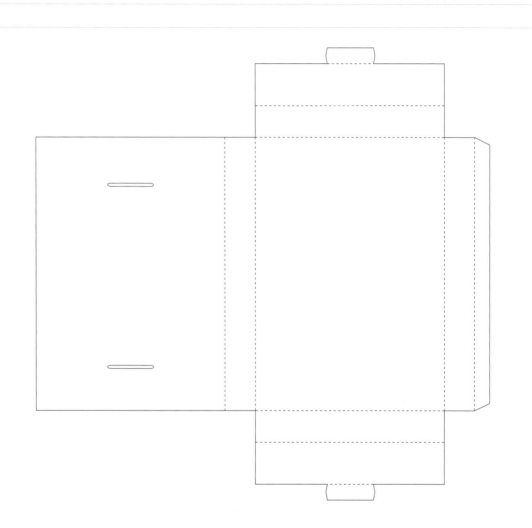

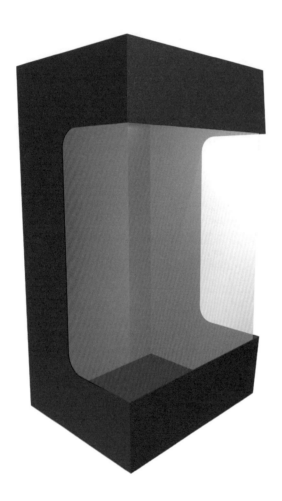

> 项目名称   2/3开窗纸盒

> 材质   400g/m² 卡纸

> 描述   在标准方形纸盒上开一个2/3窗，以展示装在其中的产品，常用在
> 玩具、礼品或鲜花等包装上。

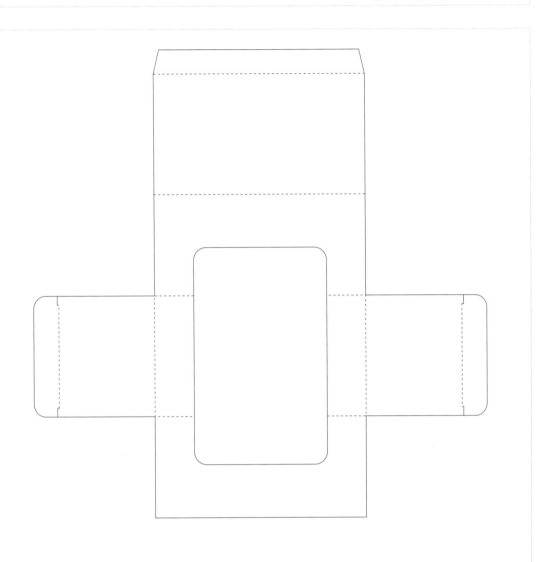

> 项目名称　礼品纸袋

> 材质　400g/m²卡纸或银帛纸

> 描述　这款纸袋是从普通纸袋发展而来的，无手挽绳、用纸讲究、造型美观。规格比普通纸袋小，提手部分为在提袋上部镂空自然形成。

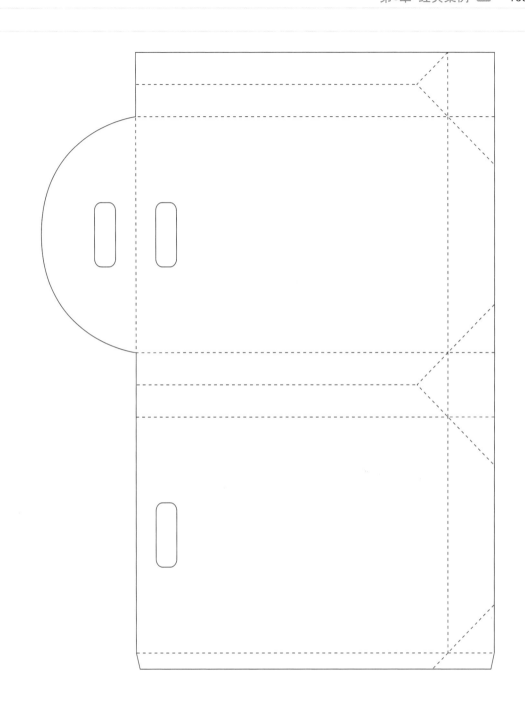

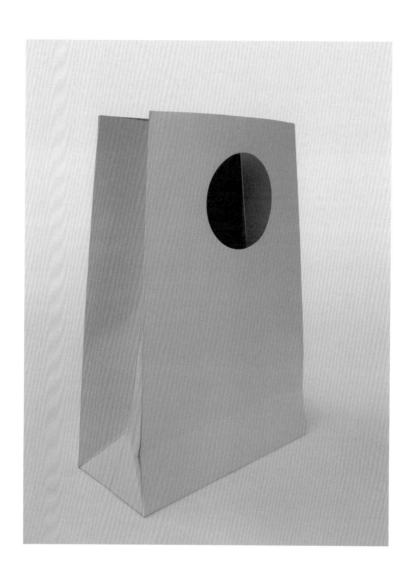

> 项目名称　创意梯形手提袋

> 材质　300g/m²白卡纸

> 描述　这是一款与众不同的手提袋，采用梯形的造型，同时在袋子的上部镂空当作提手，实用而不失美观。

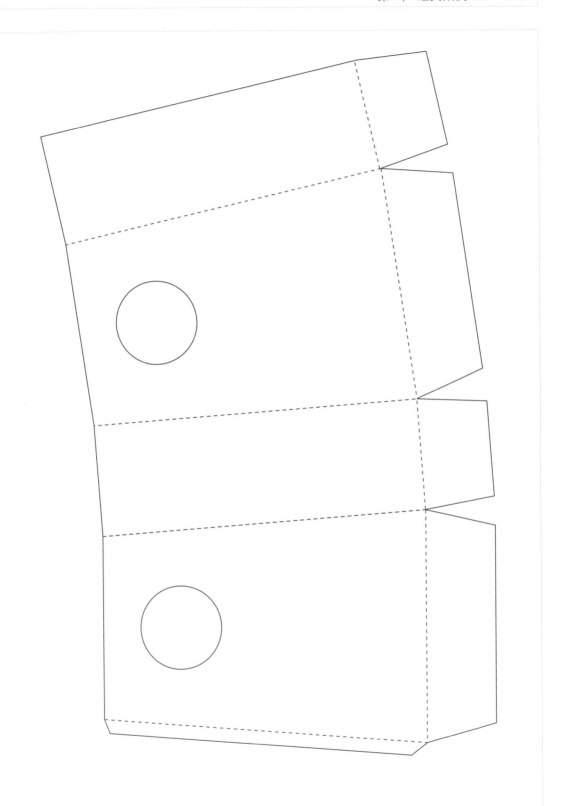

2．文化包装类

> 项目名称   创意喜糖小礼盒

> 材质 $300g/m^2$铜版纸

> 描述   这是一个自然底，十字结构的包装，将四个方向折弯并扣合。小包
装制作和使用均相对简单，造型美观，深受使用者的喜欢。

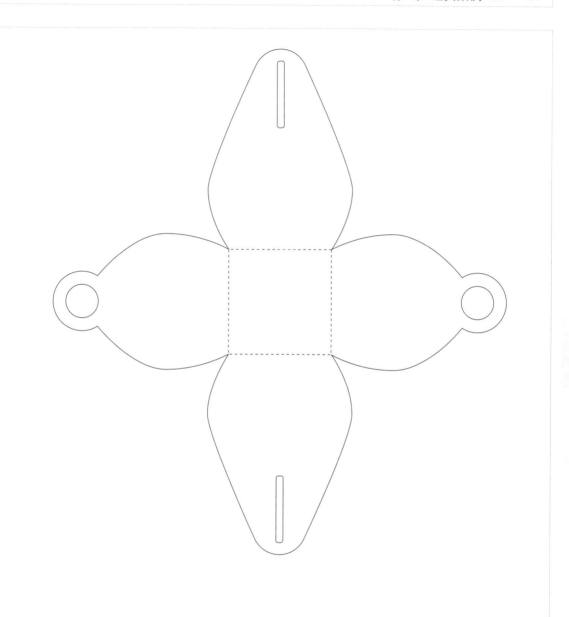

> 项目名称 创意心形小礼品盒

> 材质 $300g/m^2$铜版纸

> 描述 盒子封盖是利用四个叠压的心形造型组成，外观十分漂亮，常用于
> 婚礼等喜庆场合。

> 项目名称   创意心形小礼品盒

> 材质   300g/m²铜版纸

> 描述   盒子将心形应用到盒盖造型上，四个心形造型相互插卡组成
一个十字的心形花。盒底则是使用快速封底方式。

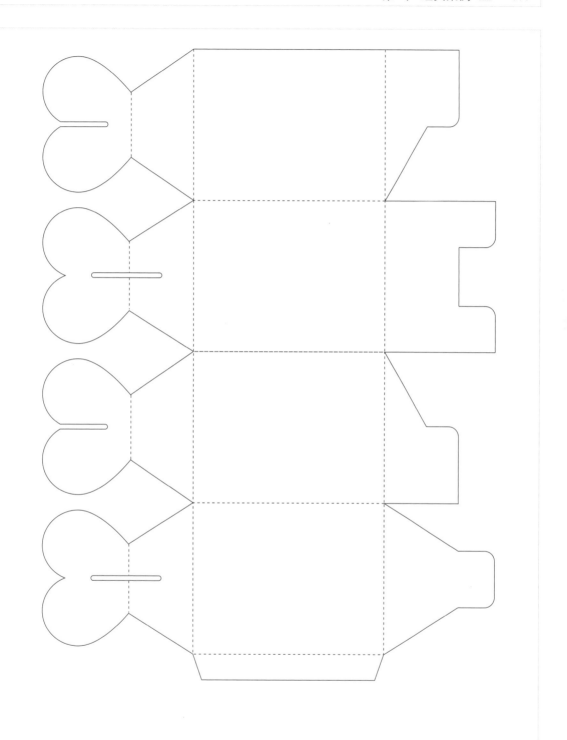

> 项目名称   创意手提式小礼品盒

> 材质   300g／m²铜版纸

> 描述   盒子突出了前后加高的造型，并将其黏合成为提手，使盒子造型与画面浑然一体。

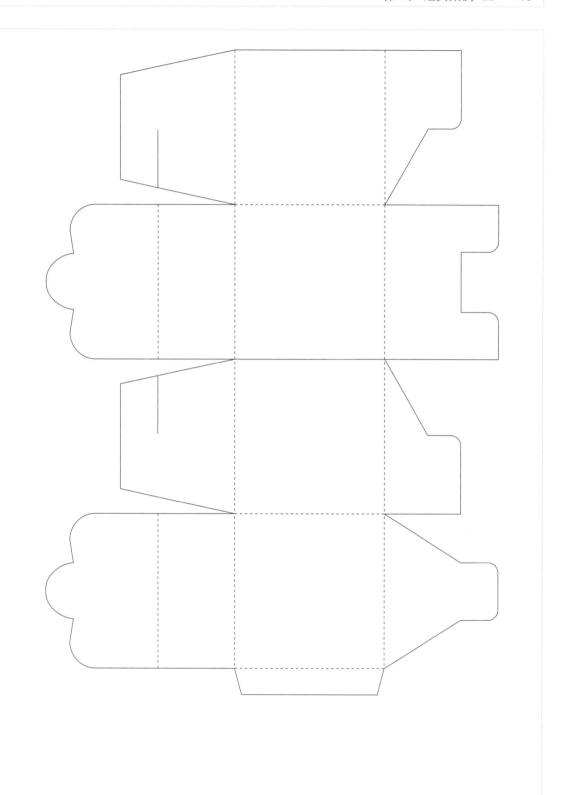

> 项目名称   创意卡通小礼品盒

> 材质   300g/m²铜版纸

> 描述   盒子将两防尘盖加长设计了互相插卡的缺口，形成了盒子盖，利用
盒子前后立面模切成卡通造型，十分别致。该设计充分将画面造型结合在
一起，既烘托了喜庆气氛又增加了包装的互动性。

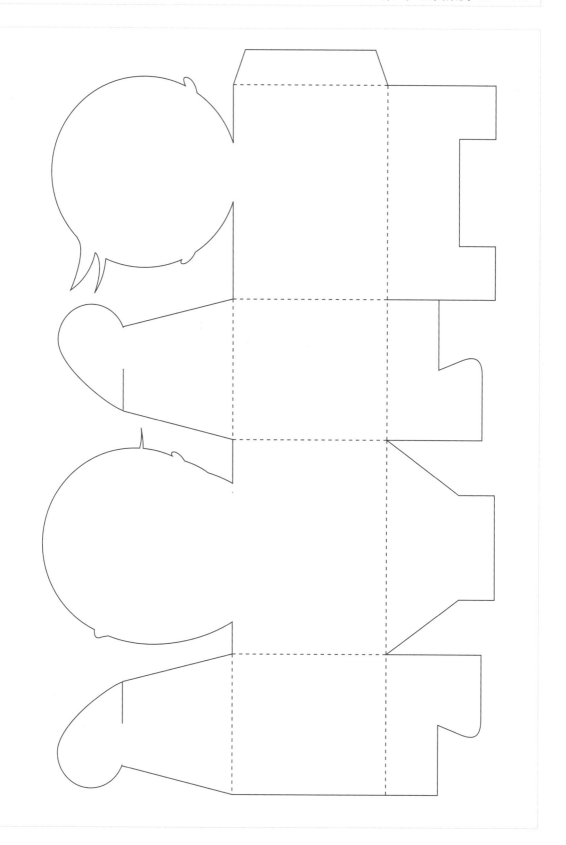

> 项目名称   创意小礼品袋

> 材质   300g/m²铜版纸

> 描述   此款礼品袋小巧别致，常在节日庆典上使用。在借鉴手提袋结构的
同时巧妙利用插舌，使小小礼品袋的卡通形象显得更饱满。

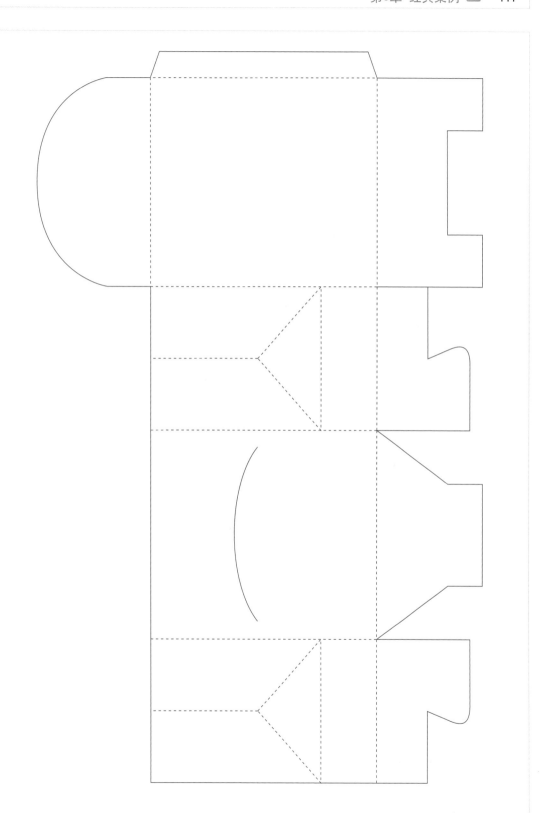

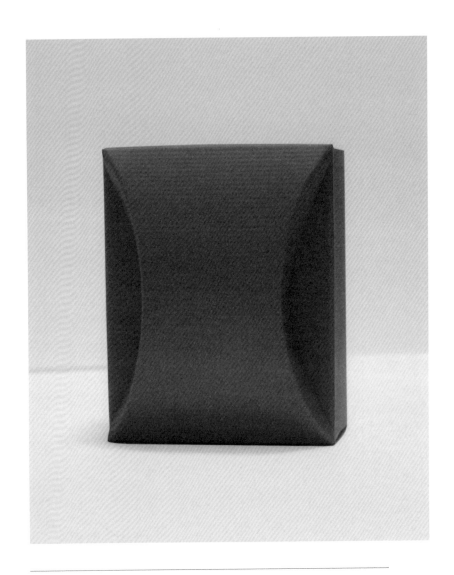

> 项目名称　月饼内包装

> 材质　单层瓦楞纸或特种纸

> 描述　造型包装盒，整个盒子没有一个胶粘的地方，适合作为食品或礼品包装。这款包装设计严谨，造型美观。盒顶弧形提手设计，既为整个包装增加了厚重感，又颇具实用性。

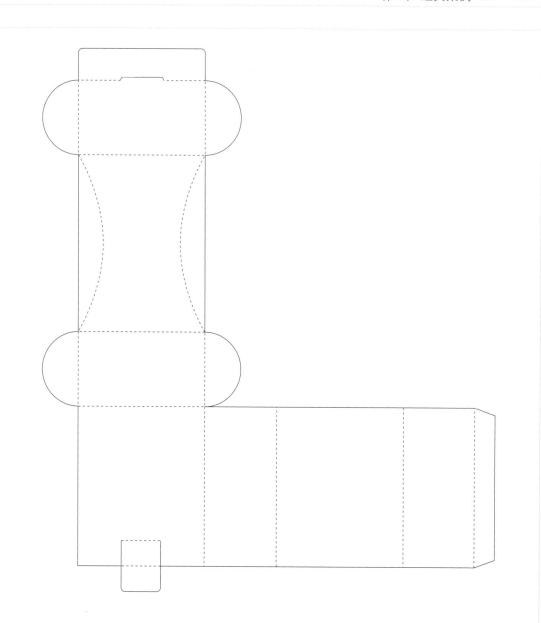

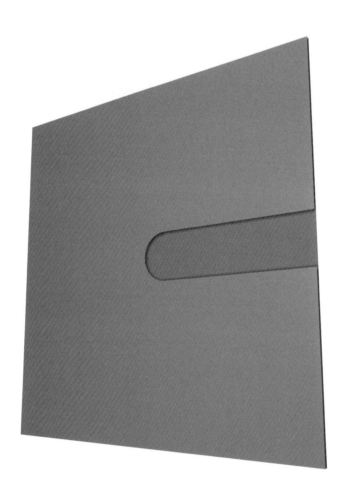

> 项目名称　光盘套

> 材质　300g/m^{2}铜版纸或特种纸

> 描述　这是常用的光盘套的一种，折弯黏合。从中心直通到边缘的缺口是为方便取用光盘而专门设计的。

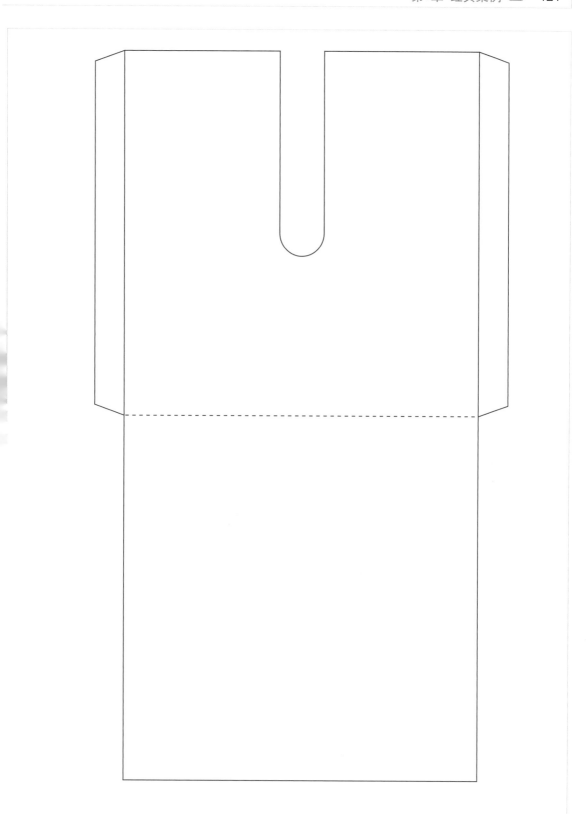

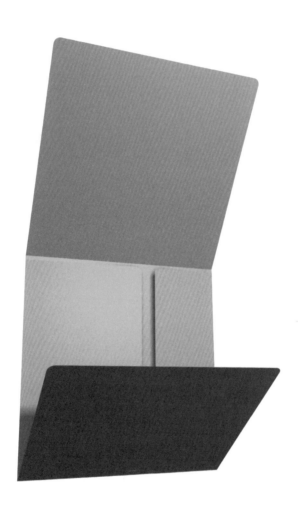

> 项目名称　创意光盘套

> 材质　300g/m²铜版纸或特种纸

> 描述　　本光盘套简洁大方，为画面创意提供充足的空间。用一张纸按光盘大小，四周折弯即可。

> 项目名称　挂式铅笔包装

> 材质　300g/m²无光铜版纸

> 描述　为了让铅笔更直观地展现出来，包装在盒底设计了天窗，同时以盒
> 体为支持在盒顶延伸出一个可供挂起的结构，能更方便地将产品挂在陈列
> 架上，既节省空间又美观。

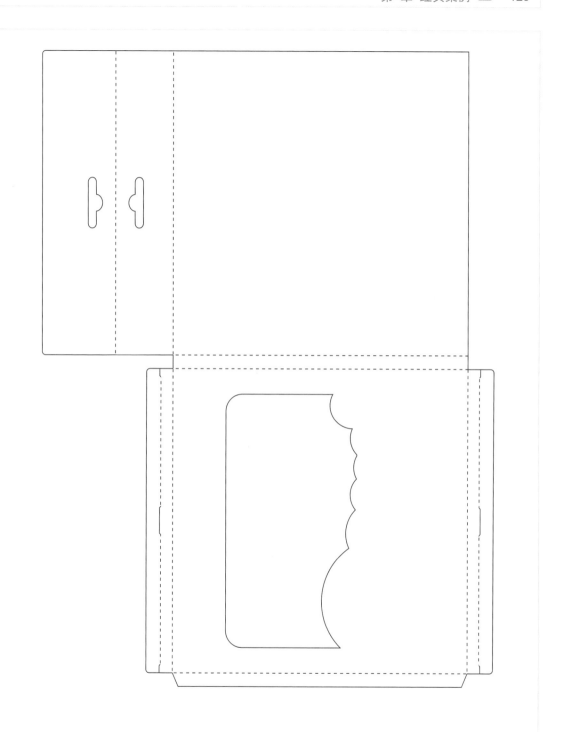

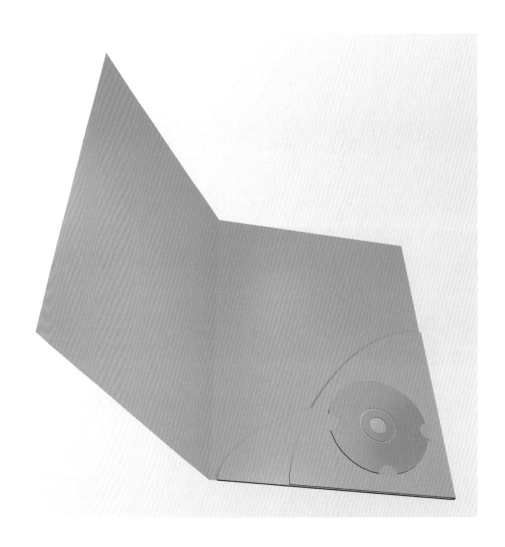

> 项目名称　多功能插页封套

> 材质　300g/m² 铜版纸或特种纸

> 描述　可以将单页、画册和光盘整合在一起的封套形式，相对传统插页式
> 封套更突出个性化，尺寸采用较传统印刷品大一点儿的规格，无须胶粘，
> 在右手页上增加两个折页，并在折页上设计了插光盘的切口。

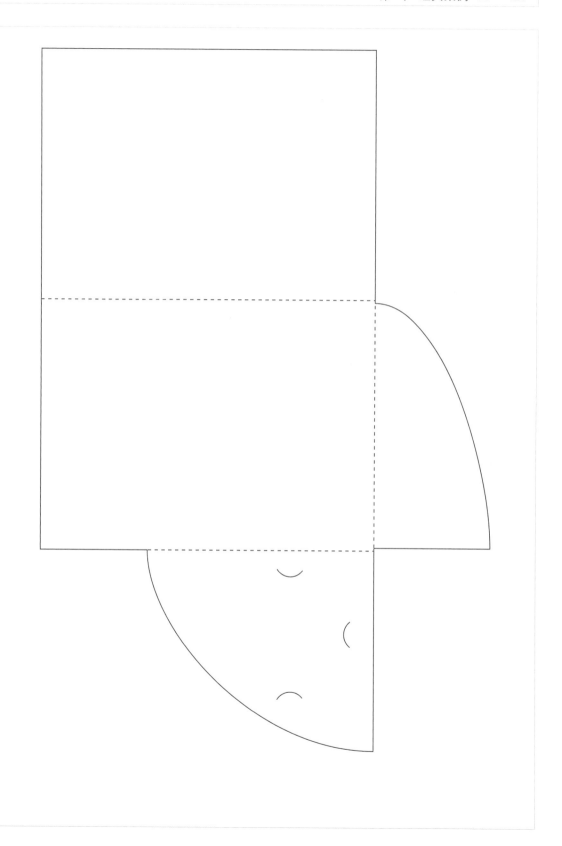

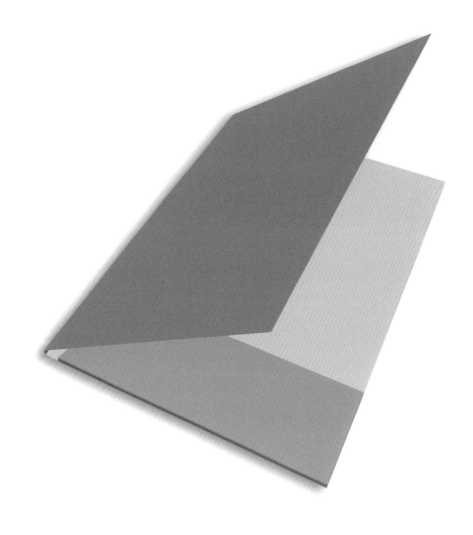

> 项目名称　插页式封套

> 材质　300g/m² 铜版纸或特种纸

> 描述　主要用在整合单页、画册和名片而采用的一种封套形式，尺寸采用比传统印刷品大一点儿的规格，起墙同时在右手页上折兜，并在折兜上插上名片。

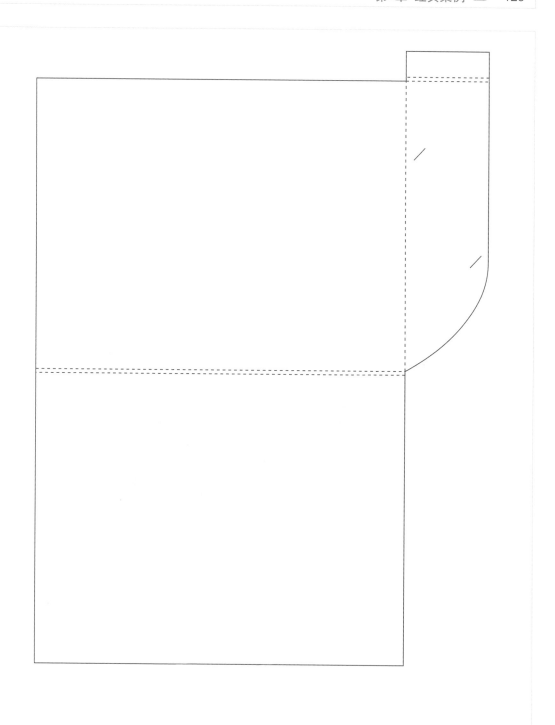

> 项目名称   档案盒

> 材质   美国进口厚牛皮纸

> 描述   这是典型的文化用品、使用方便。适合批量生产并独立成为商品，
> 自诞生以来一直沿用，经久不衰，成为经典盒式包装模版。

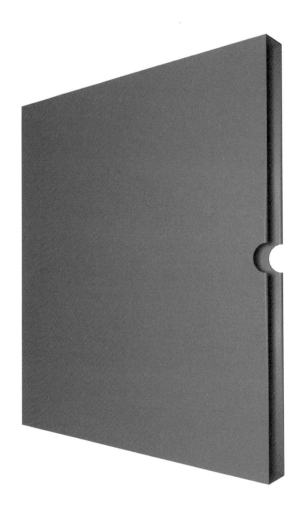

> 项目名称 插套纸盒

> 材质 荷兰板裱200g/m²铜版纸或300g/m²卡纸

> 描述 封套是常用的包装形式，尤其用在书本上，基本结构是起墙三面黏
合，在封套封口上做一个切口方便内容物的抽取。

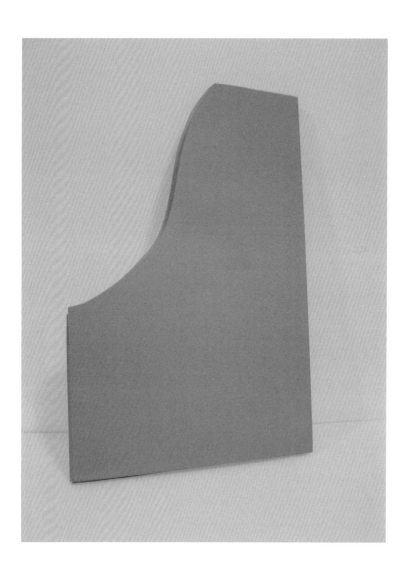

> 项目名称　**异形封套**

> 材质　300g/m²白卡纸

> 描述　这是一本书的个性化异形封套，它是传统封套的延伸，也是产品促销时很好的文化传承载体。

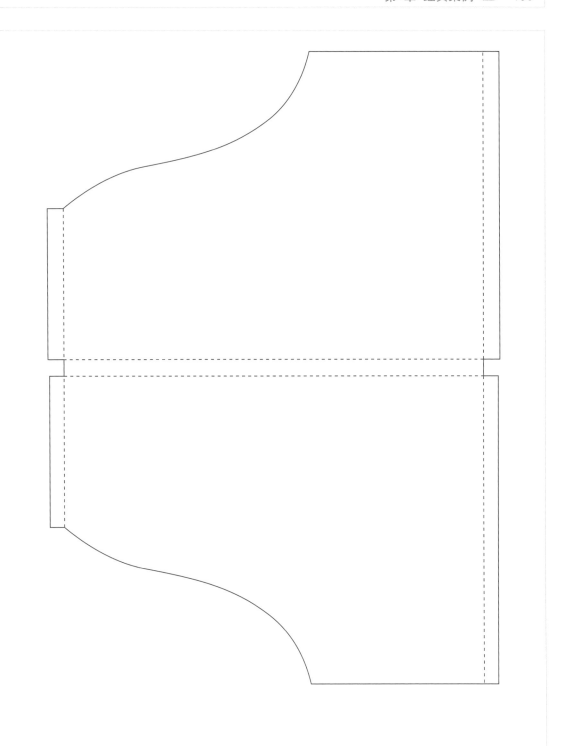

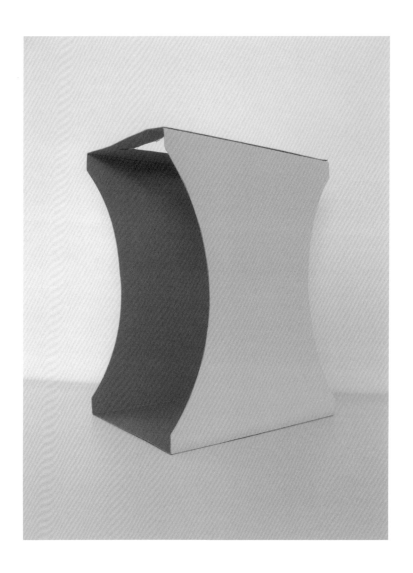

> 项目名称　产品辅助包装

> 材质　300g/m²白卡纸

> 描述　这是裹贴在产品上的包装形式，为产品本身增加可读性和文化属
性，更为产品的美观度加分。

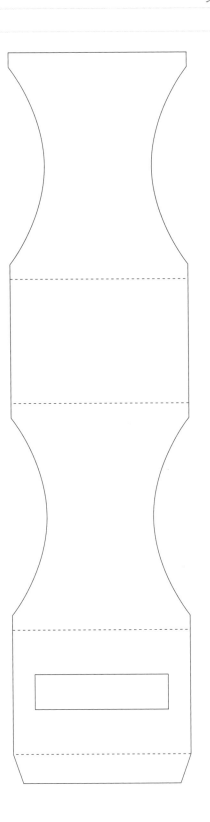

3. 商业包装类

> 项目名称 产品宣传陈列广告

> 材质 300g/m²白卡纸

> 描述   这是广告形式的展示签，可以辅助产品陈列进行品牌推广，其本身
> 是通过折叠和黏合而成。

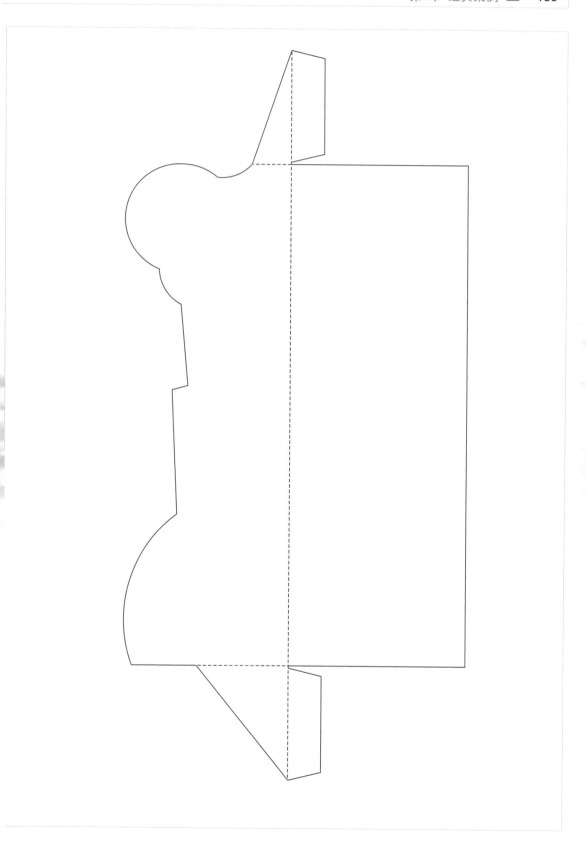

> 项目名称　裹套式包装

> 材质　300g/m²白卡纸

> 描述　此款包装利用包装物和外包装的形状差异，将外包装融入产品本身，简约而不失个性。

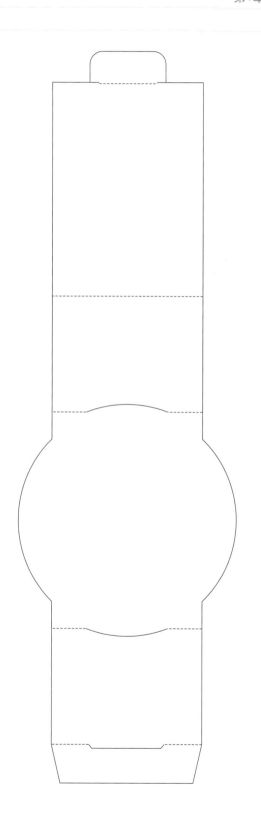

> 项目名称　化妆品试用装

> 材质　300g/m^{2}铜版纸

> 描述　用一张四边对折形成的创意纸袋，合理地突出产品的传播形象，并作为试用装形式进行赠送，可以较好地推广产品。

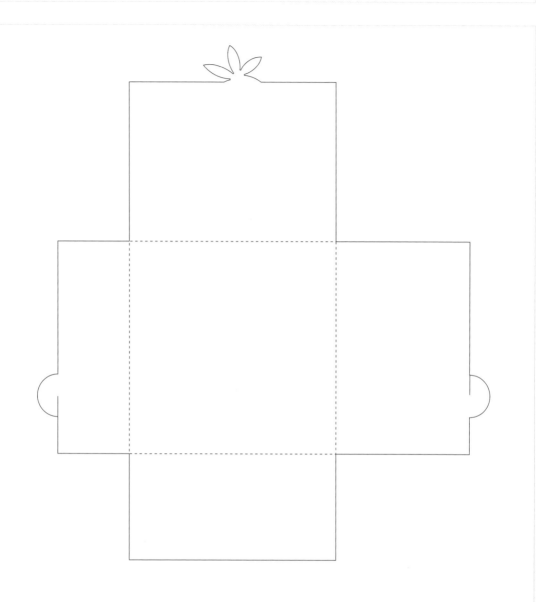

> 项目名称   镂空产品裹式包装

> 材质   300g/m²白卡纸

> 描述   此款包装利用包装物和外包装的形状差异，在包装上使用镂空工艺
而产生了二者相互贴合的包装效果。

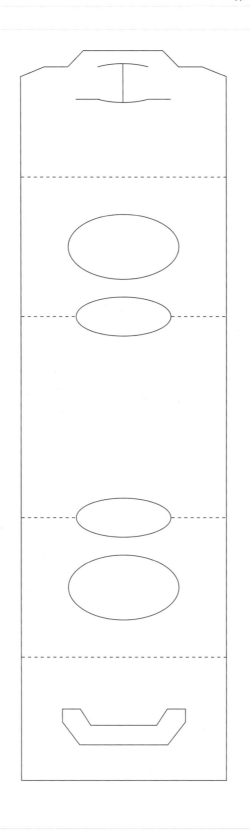

> 项目名称　**产品插入式固定试用包装**

> 材质　300g/m²白卡纸

> 描述　包装利用了立体构成，让一张平淡的纸体现了空间并形成了格局，
  同样使得这款产品的精美得到完全的释放。

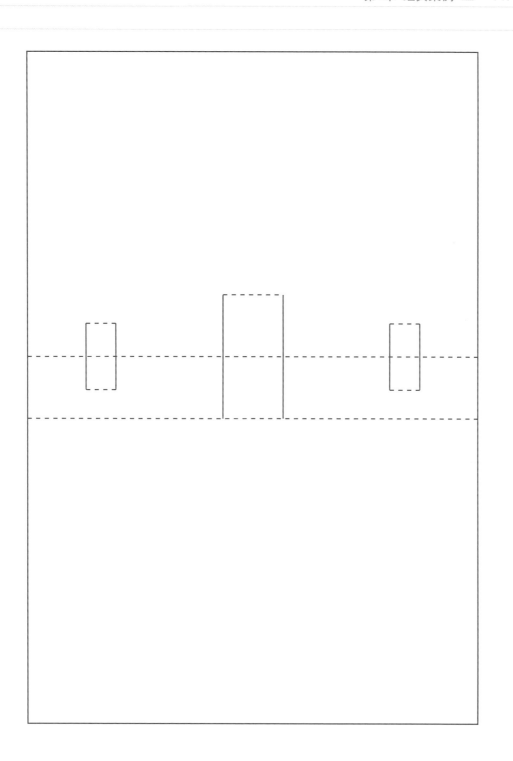

> 项目名称　产品试用装，又称创意包装

> 材质　250g/m²白卡纸

> 描述　造型使这款包装充满了活力，更能拉近产品与用户之间的距离，同时更好地传播了产品的文化和形象。

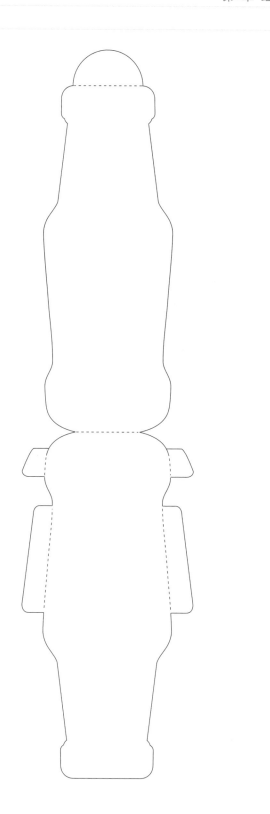

> 项目名称　开窗纸套

> 材质　300g/m²白卡纸

> 描述　这是一个以纸套为辅助形式的包装，然而纸套的出现一举成为了这
> 款产品的亮点。

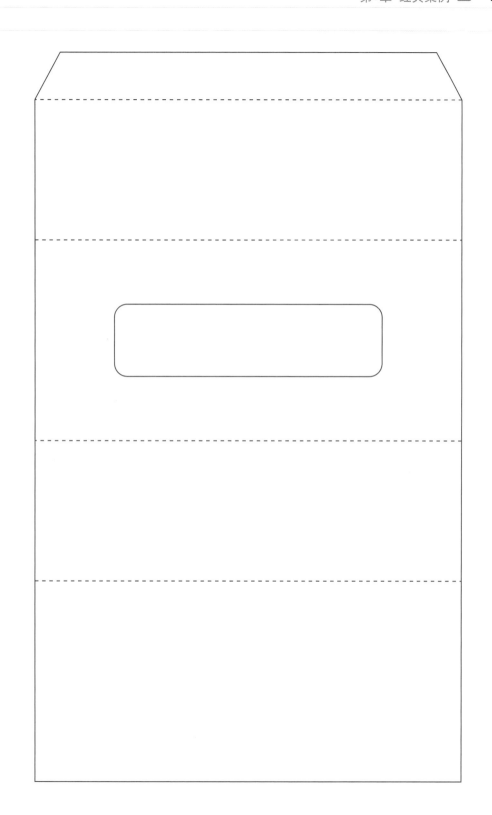

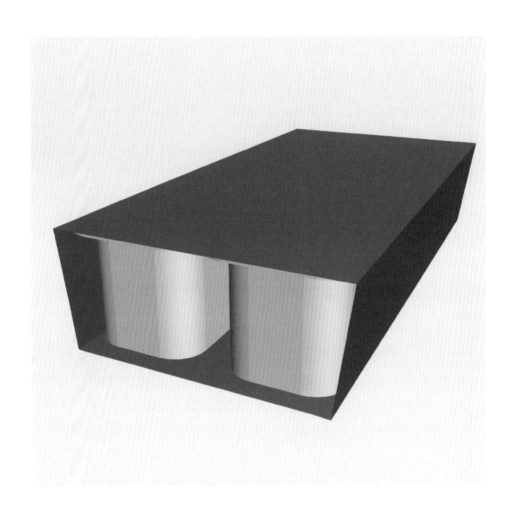

> 项目名称　梯形杯装酸奶简易包装

> 材质　300g/m²白卡纸

> 描述　这款包装以简约和实用而著名，它既实现了包裹保护产品的功能，也为
  产品的形象定位增光添彩。固定包装物的方式成为杯式酸奶包装的绝对标准。

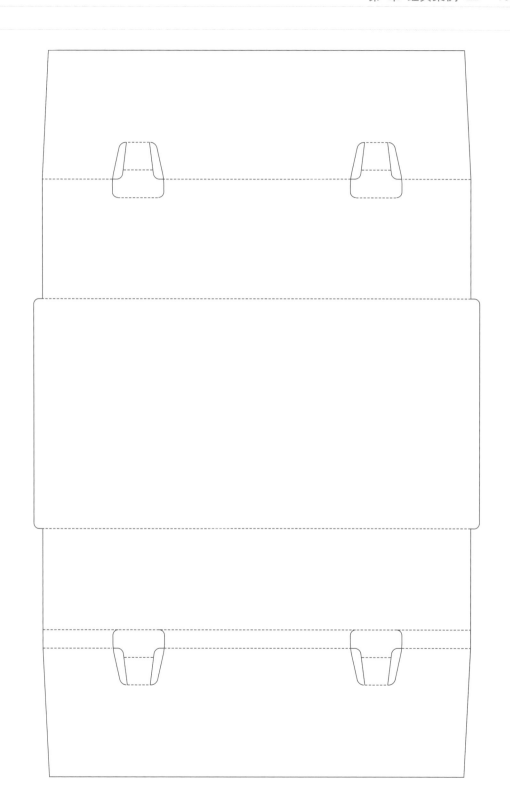

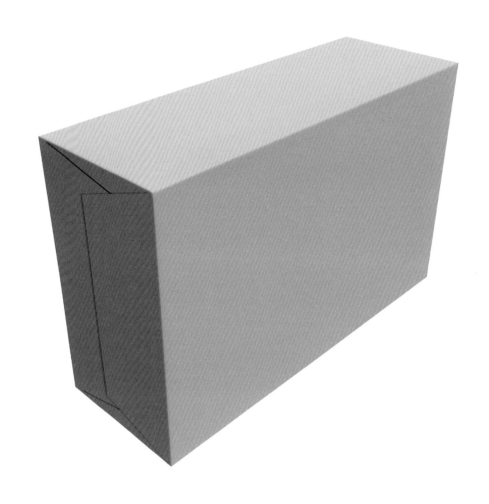

> 项目名称 标准粘封纸盒

> 材质 $300g/m^2$白卡纸

> 描述   这是一个常见的香皂包装盒，两侧黏合，使用时撕开即可，此类包
装方便快捷，是日用类产品常见的包装形式。

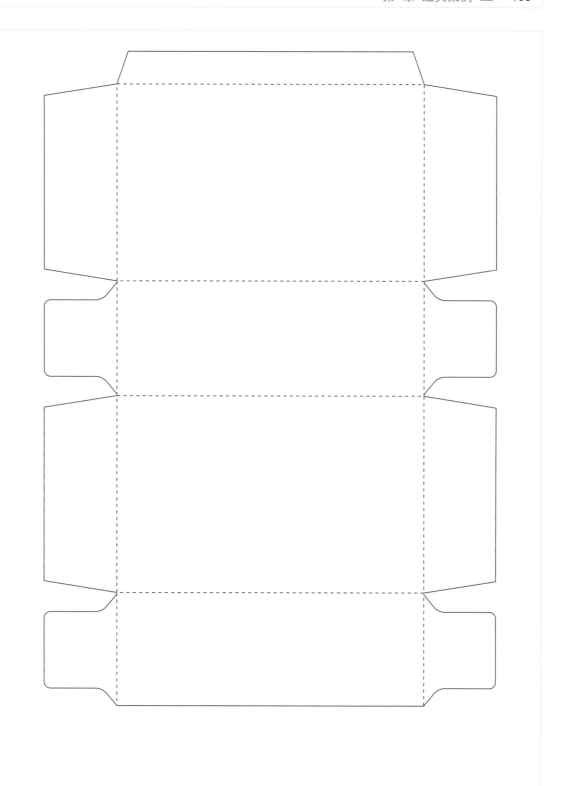

4. 日用品包装类

> 项目名称　复合插套开窗纸盒

> 材质　300g/m²白卡纸

> 描述　这是某品牌面膜的包装，分为两个部分，一个是插套，另一个是开
　　　窗式的不封闭内包装。

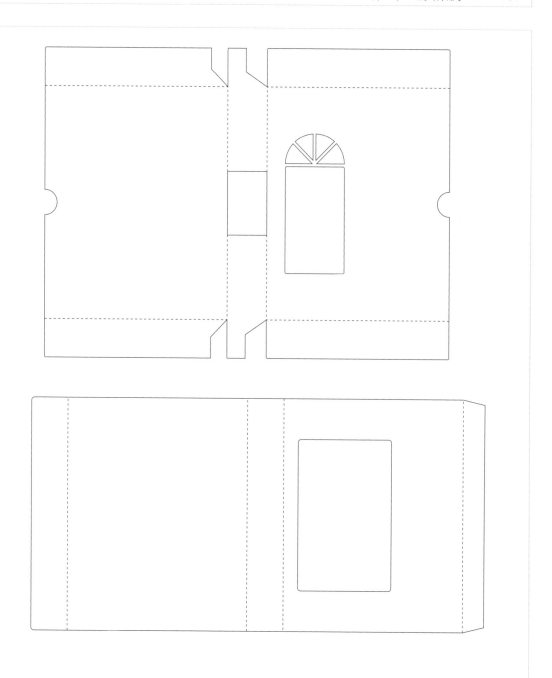

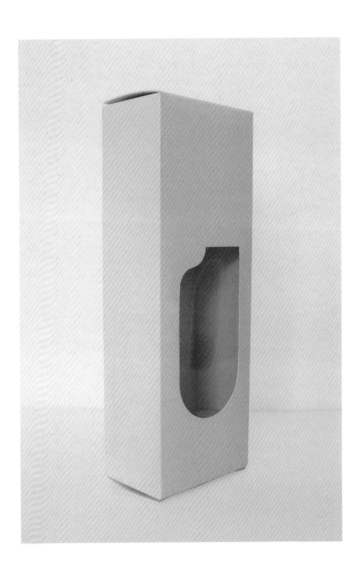

> 项目名称   定位开窗纸盒

> 材质   300g/m²白卡纸

> 描述   这是一款牙膏包装盒，在开口处为了不让牙膏在宽大包装盒内晃
  荡，设计了定位缺口，同时在盒体进行开窗设计，以便展示产品的形象。

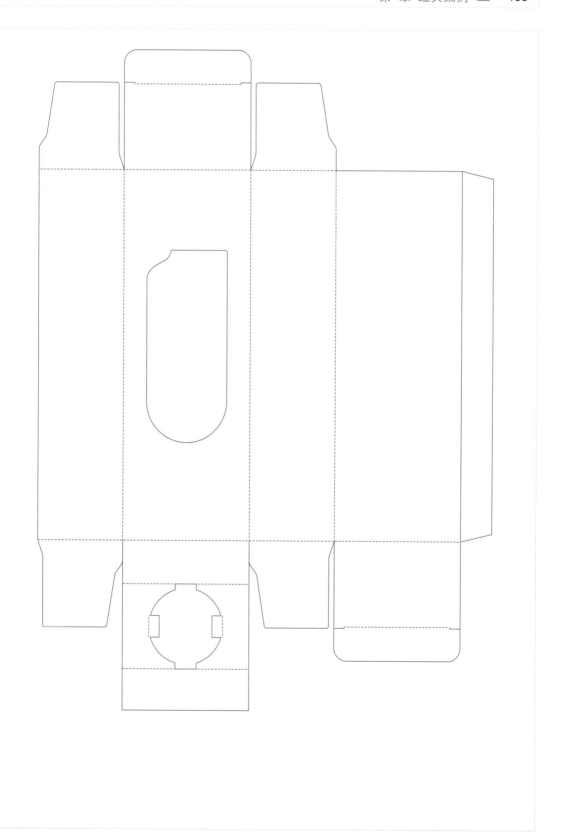

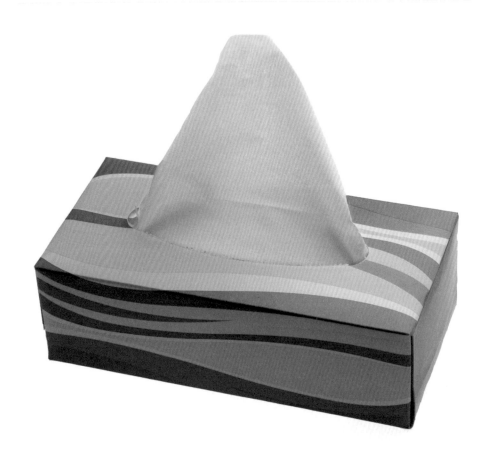

> 项目名称 标准纸巾盒

> 材质 $400g/m^2$白卡纸

> 描述 在常规的长方形盒体上进行可撕式设计，充分满足了包装的批量生
产和方便撕取产品的需求。

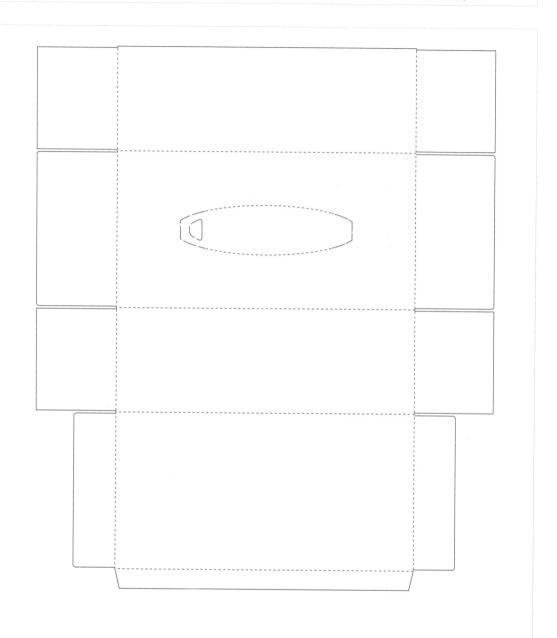

> 项目名称　**复合式开窗纸盒**

> 材质　**细瓦楞纸，PE透明材料**

> 描述　将纸包装与吸塑造型组合在一起，既解决了纸包装无法完全贴合产品的造型问题，也解决了吸塑印刷的难题，巧妙地结合二者的优点，使包装设计完美地体现了产品的内涵和品质。

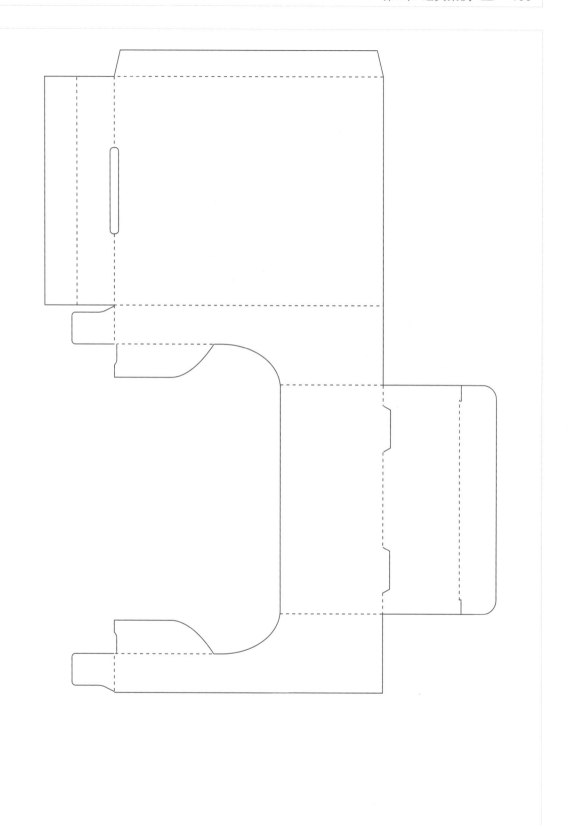

5. 电子产品包装类

> 项目名称　一体成型瓦楞纸盒

> 材质　细瓦楞纸

> 描述　这款包装将单张细瓦楞纸通过折弯和纸板自身的支撑力来完成一
> 个纸盒造型，也就是一体成型纸盒。

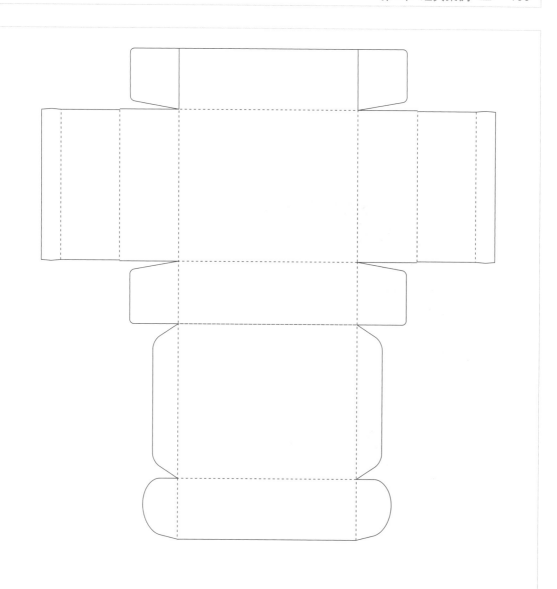

> 项目名称　双向防尘手提纸盒

> 材质　瓦楞纸外裱不同型号铜版纸

> 描述　这是一款内装电脑一体机的包装盒，盒顶为双向防尘提手盖，盒体
胶合，盒底利用胶条来封口，适合于包装体积较大的物体。

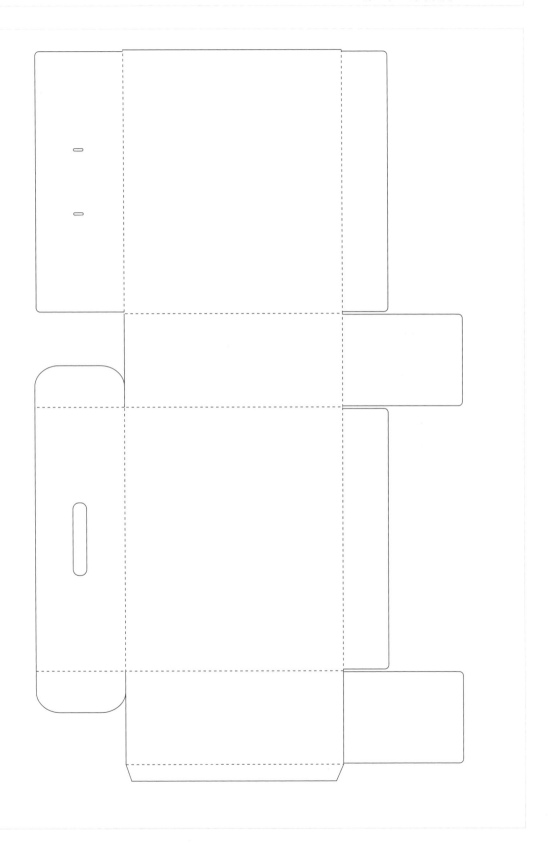

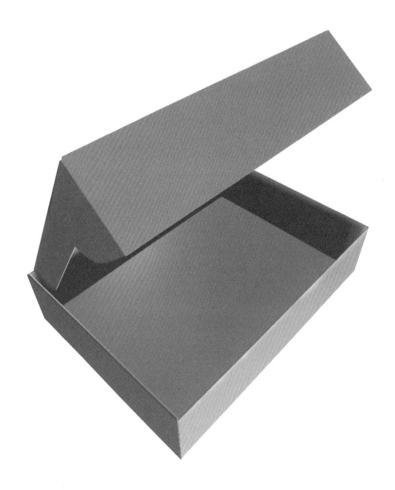

> 项目名称　一体扣脚盖式纸盒

> 材质　瓦楞纸外裱不同型号铜版纸

> 描述　这款包装将单张细瓦楞纸通过折弯，镂空模切成型，是包装工业设计中经典的范例。

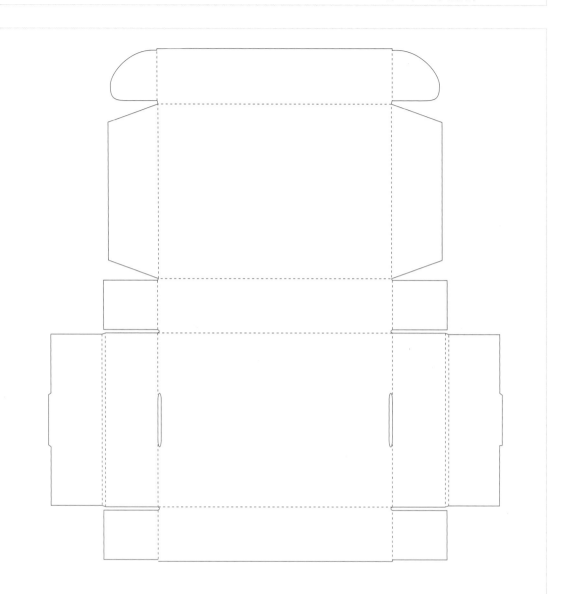

> 项目名称　无粘一体扣脚瓦楞纸盒

> 材质　瓦楞纸外裱牛皮纸

> 描述　　一体包装，近年来广泛应用在电子产品上，盒子结构科学，省去胶粘这一重
要制盒工序，非常适合应用全自动包装生产。一些高档服装也采用此类包装方式。

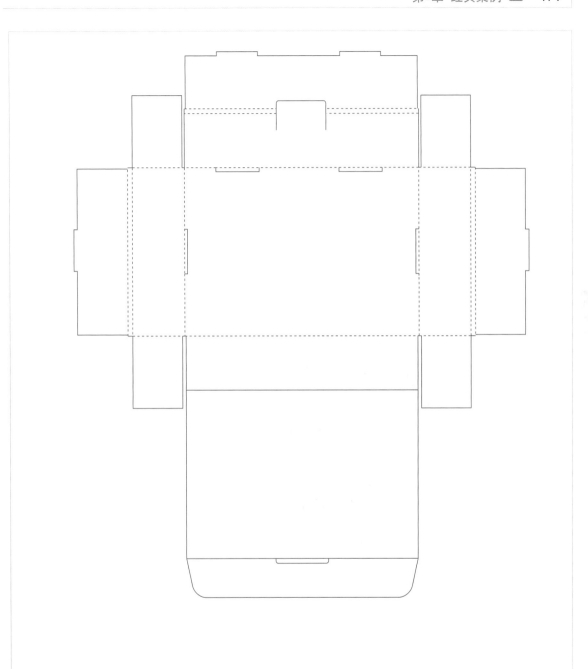

> 项目名称　锁舌双向防尘纸盒

> 材质　瓦楞纸外裱157g/m²铜版纸

> 描述　　在传统包装盒结构的基础上增加了一层防尘盖，并在盒角上设置了锁舌，增加
> 了产品的安全性，盒底使用了快速锁底方式，盒型大方精致，颇受高档产品的青睐。

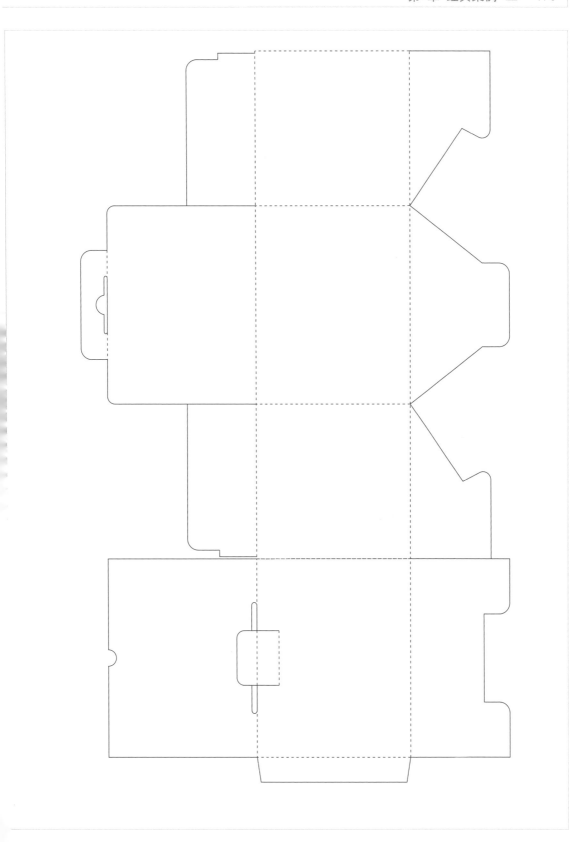

6. 其他包装类

> 项目名称 **香烟盒**

> 材质 300g／m² 白卡纸，金帛纸

> 描述 硬盒香烟包装，由外包装、衬角和内包装组成。

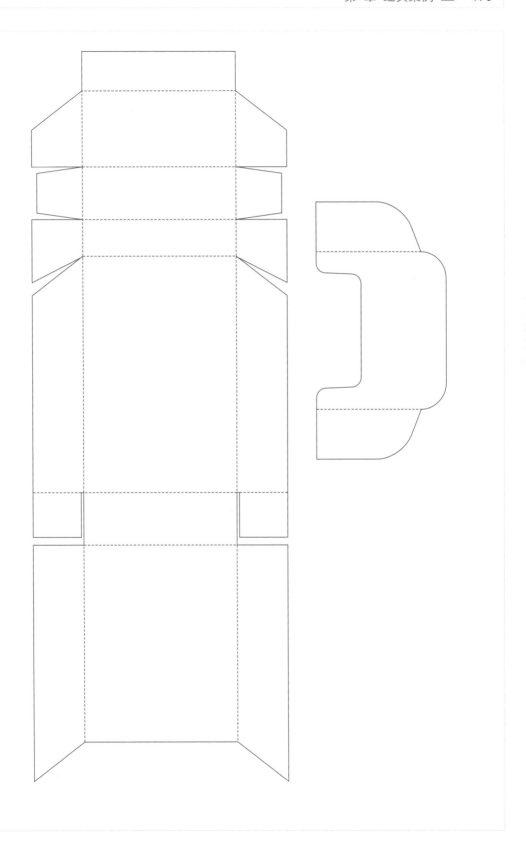

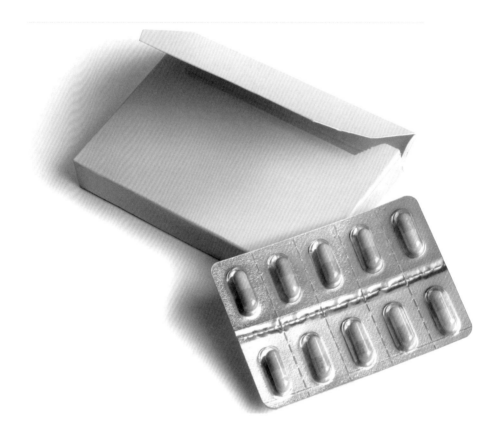

> 项目名称　药盒

> 材质　300g/㎡白卡纸

> 描述　此款是医药类包装，一次性使用。在包装开启的地方打陇线，方便
破坏性撕开，防止包装的重复使用。

4

第4章 趣味纸盒

趣味纸盒是人们喜闻乐见的包装产品,包括智力、仿生、娱乐、互动等形式,本章以案例形式展现了几种不同的趣味纸盒,举一反三。

趣味包装，是以吸引购买行为、提升商品的互动性以及将包装作为道具为目的的包装种类。趣味包装通常结构相对复杂，善于巧妙利用立体构成以及画面图案，美观大方、视觉元素活跃，为商品本身增光添彩的包装形式。一般说来，这种包装形式的应用范围大多在玩具、食品、日化品、教育、饰品以及促销产品等方面。对于高档包装来说，一般由于其严谨的消费理念和简约质感等叠加要求，相对很少用到趣味包装。

趣味包装的特点　符合消费者的猎奇心理、优化产品的功能和传播商品的使用价值以及文化品位。

优点：可以迅速展示产品的内涵，有效地宣传产品的功能和文化，很好地吸引消费者和影响消费习惯，给消费者愉悦感并满足其好奇心。

缺点：不易堆放，造价相对较高，结构复杂，在移动时容易破坏造型，包装强度差。

趣味包装的分类：在设计趣味包装的时候我们可以根据其产品功能和营销诉求来进行创意表达，从其造型来看大致分为以下几种。

1. 几何形：足球形、五角形、心形等几何造型

2. 文字形：数字和字母造型

3. 仿生：猫、狗、长颈鹿、树叶、水滴等自然造型

4. 产品造型：汽车、机器人、香水等符合产品造型的趣味包装

5. 互动立体形：展开或折叠成型的包装

1. 交通隔离墩式纸盒

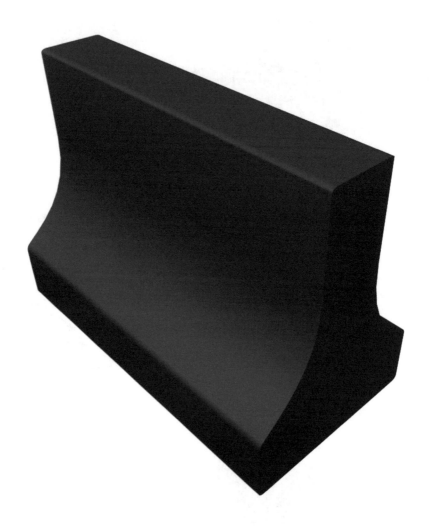

2. 六角鬼脸盒

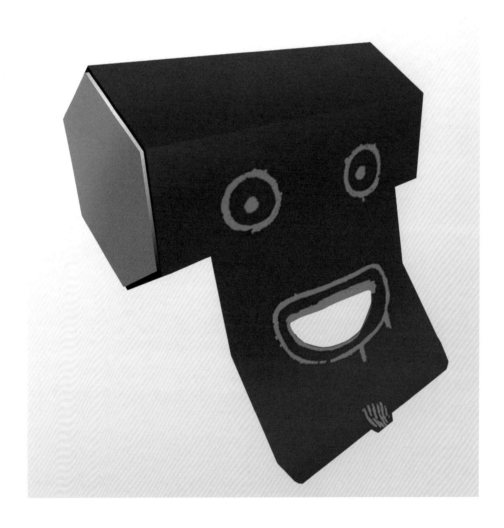

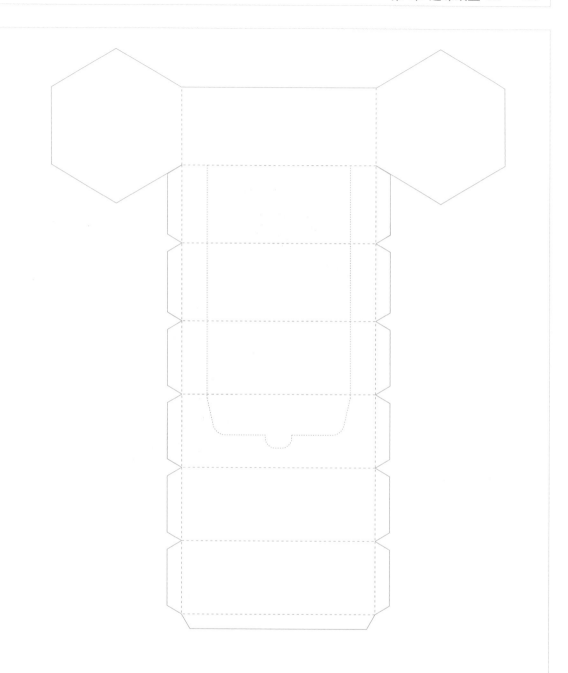

3. 麦克风LOGO纸盒

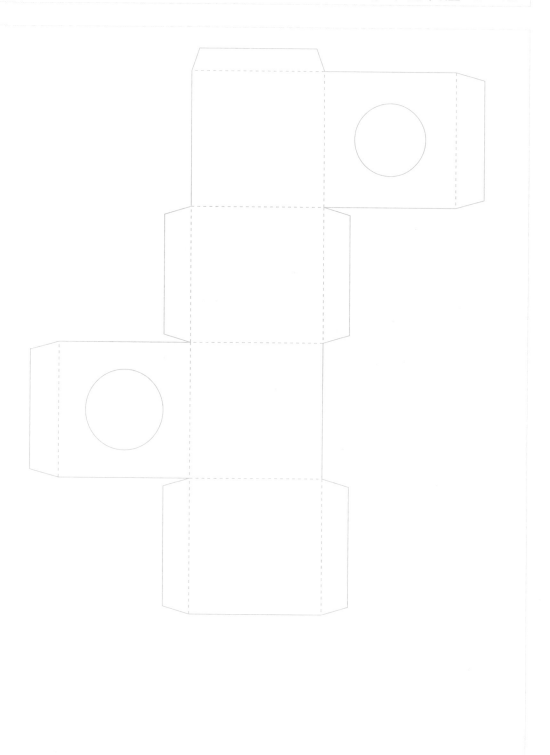

4．概念车纸模型

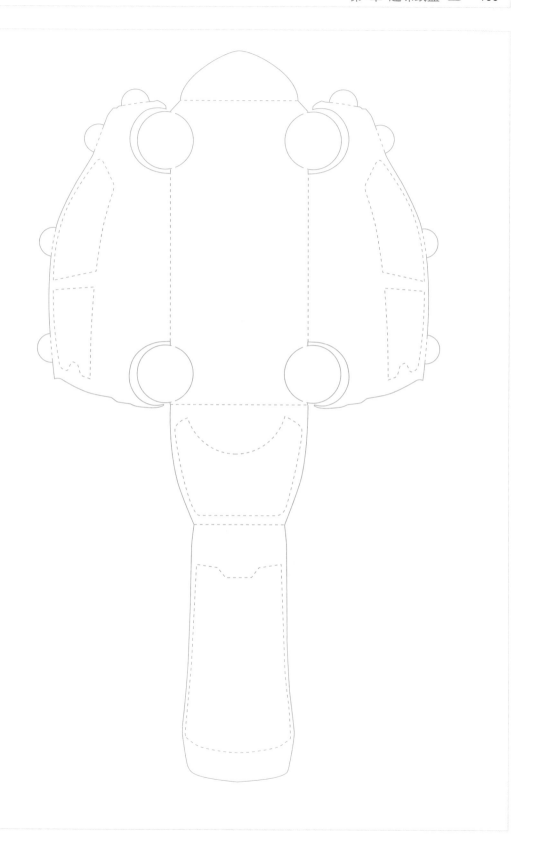

5. 清新剂纸盒

6. 四角锥形盒

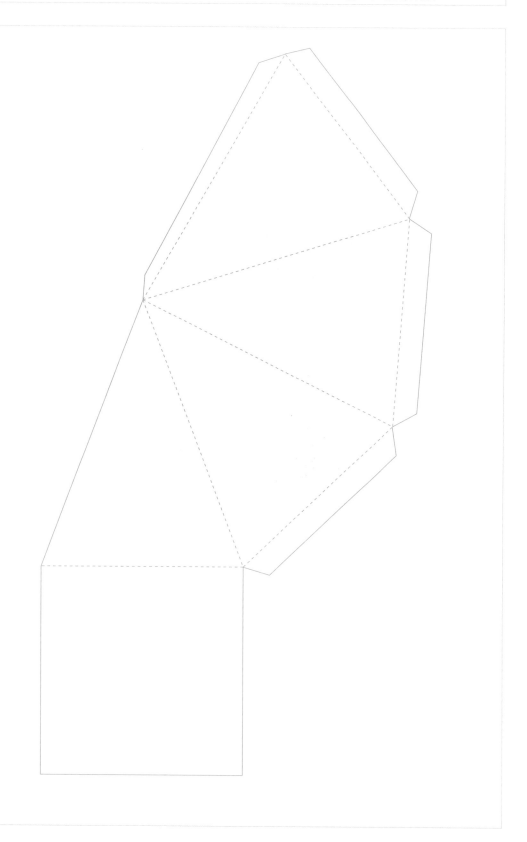

7. 纸杯造型盒

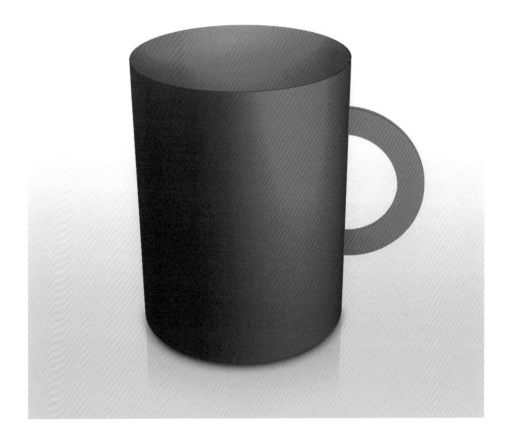

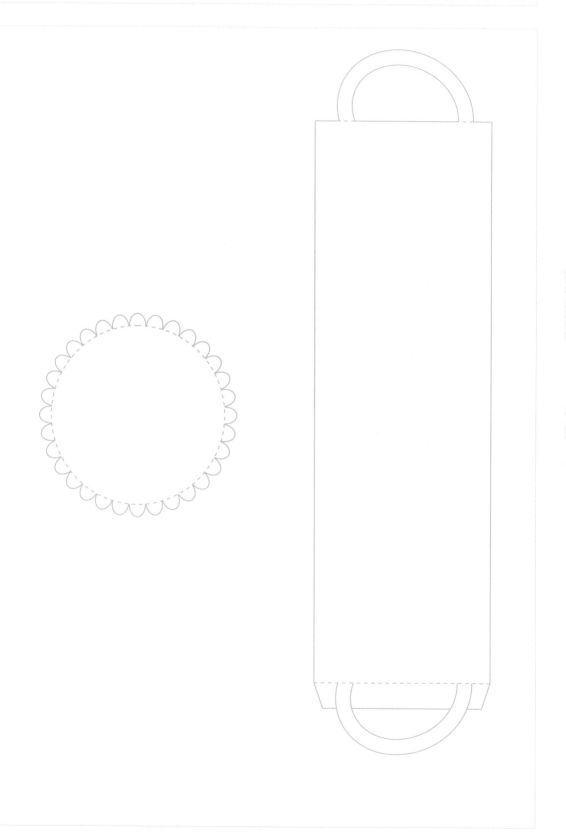

8. 果汁包装

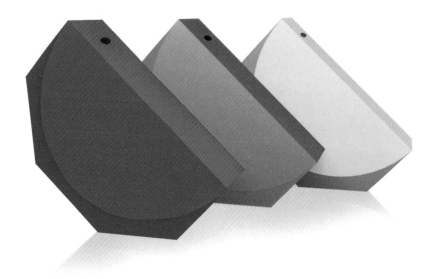

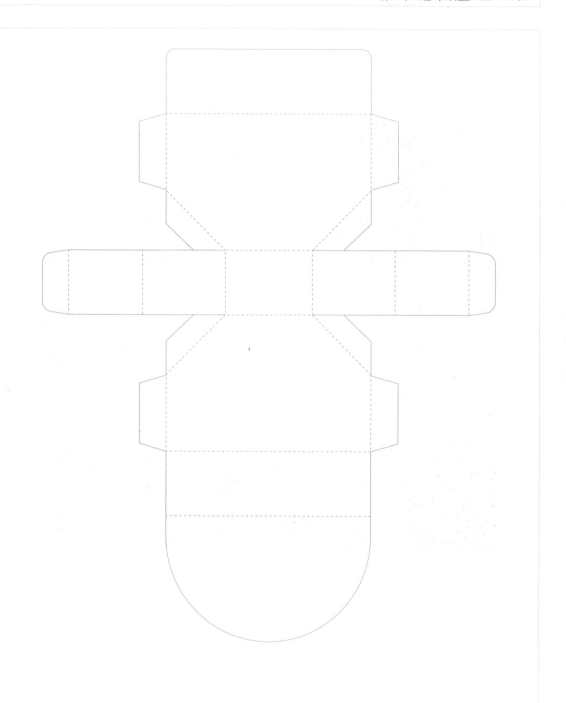

9. 花式叠纸

10. 足球造型盒

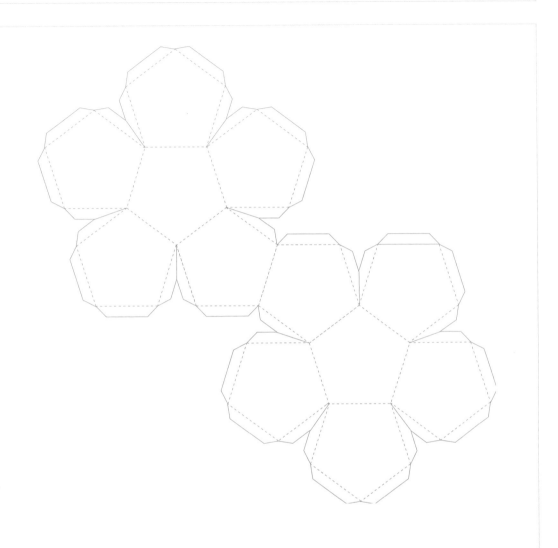

11. 枕形包装盒

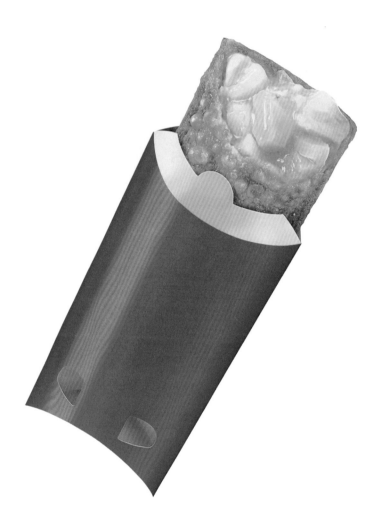

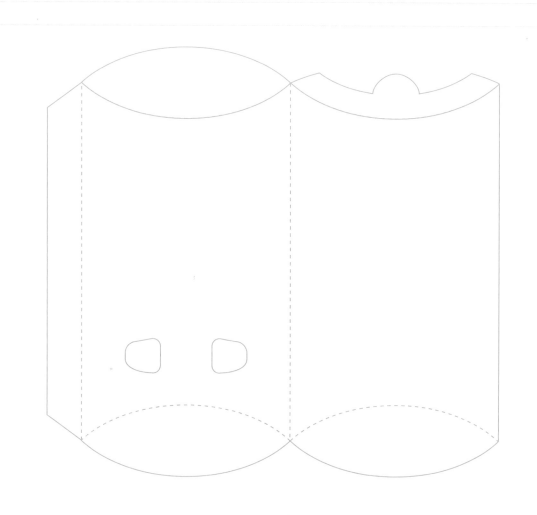

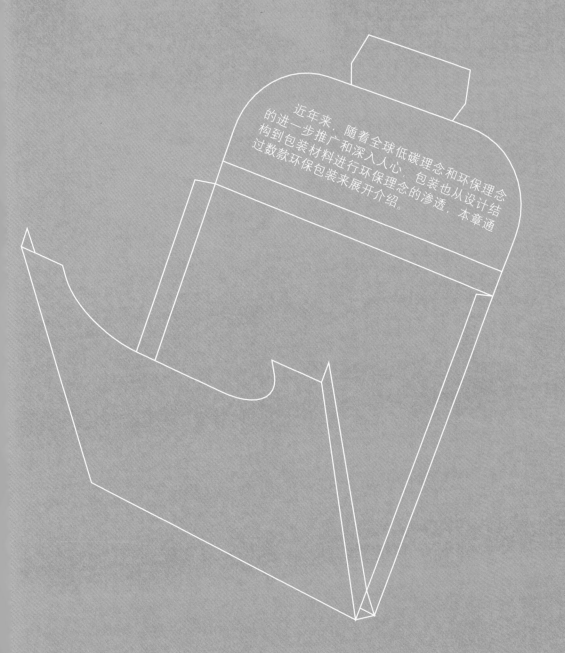

5

第5章 环保包装

近年来，随着全球低碳理念和环保理念的进一步推广和深入人心，包装也从设计结构到包装材料进行环保理念的渗透。本章通过数款环保包装来展开介绍。

包装作为产品商业化的必需手段，已然在全球形成了重要的工业体系和产业格局。人们在日常生活中随时随地可以接触到包装以及包装材料。甚至包装成为了一个地区的重要经济支柱，例如德国的海德堡印刷机械和瑞典的利乐包装为世界所公认。包装经过从满足产品安全，到使用方便，再到运输便捷这样一步步的发展和演变，逐渐成为人们购买或消费的重要参考甚至成为商品价格的决策依据。以至于之后包装在商业流通环节出现了豪华包装、精包装和简易包装等不同档次的包装分类。

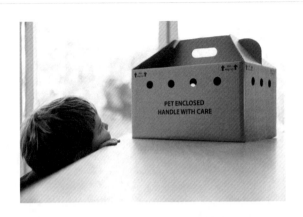

包装作为产品附带的副产品，从保护产品到装饰产品无不对商品品牌的推广和传播起着决定性作用。随着国际上保护环境、爱护地球、节约资源的环保理念的提出，我国市场乃至国际市场对包装的要求越来越严格。同时，过度包装的超豪华包装已逐渐从人们的日常消费中淡出。在日益平常的国际贸易中无害化、无污染、可再生利用的环保包装成为进出口贸易中商品新的宠儿。从 1999 年起 ISO 实施绿色"环境标志"，把产品包装的绿色革命推向新层次。

环保包装的特点

优点：无污染或降低污染、可重复利用、可降解，进一步节约能源，为绿色生活空间和我们的生存环境创造可持续发展的条件。时尚且广泛被人们推崇。

缺点：自然的环保材料造价相对昂贵，由于材料所限制，花样和造型少、我国目前还没有大量推广。有待进一步宣传和普及。

三个方面决定环保包装的发展

一、包装材料

环保材料即可重复使用、可再生以及可食、可降解、天然的纸质材料。主要体现在用料省、废弃物产生率低、节能、易于回收再利用，包装本身不会对环境造成二次污染。目前纯天然的环保材料虽然符合环保要求，但其成本较高，不易大量推广；目前市场主流的环保包装大多为复合环保材料，成本相对低廉，易大批量应用和推广。

二、技术包装

确定包装材质后，从设计开始，环保包装应该满足自动化包装机械的流水线作业要求，结构尽量简单和具有合适的强度以保障环保包装符合商品流通和使用的需要。同时，在自动化包装机械的制造上也要全面创新发展，充分满足现代商业对包装美观、实用和更高效的要求。随着全新复合包装材料的普遍采用，对包装设备及工艺的要求也更严格。

三、服务机构

包装业除了一些包装设计制作企业以外，主导包装造型和设计的主要是一些国际知名的 4A 创意企业，他们从产品的概念的产生到包装以及品牌的推广起着决定性的作用。同时其服务商大多是一些可以制作包装完稿和成品的广告公司以及包装生产商。这样一来，一个成功的包装需要一整套的配套工程来完成，从材料选择、造型和结构的规划设计到制作加工自成一个体系。

1. 一体成型、扣脚盖式纸盒

> 项目名称　一体成型、扣脚盖式纸盒

> 材质　瓦楞纸

> 描述　作为环保包装，此类结构多次在本书出现，它也是环保包装的杰
出代表，一体成型、无须胶粘、盒型别致。

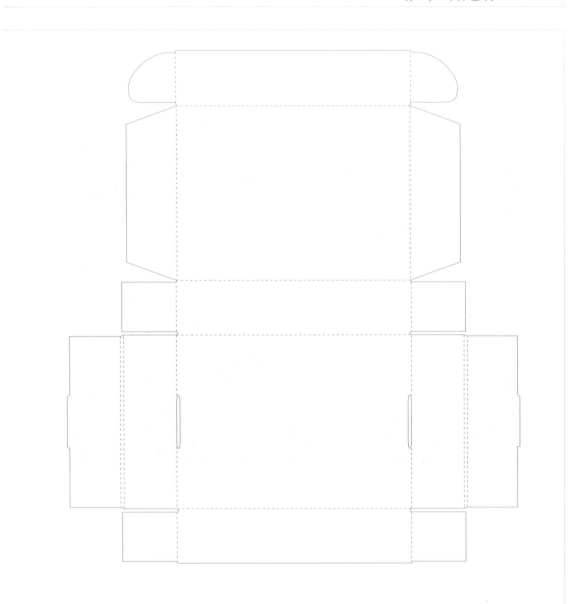

2. 小点心包装

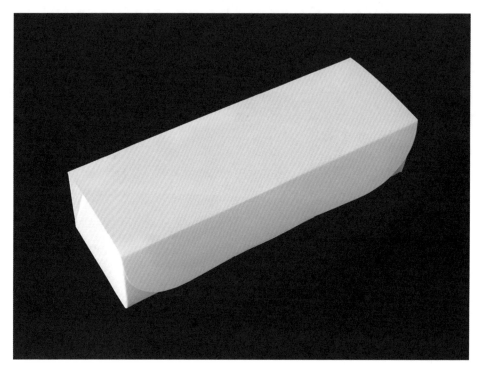

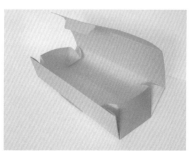

> 项目名称　小点心包装

> 材质　400g/m² 卡纸

> 描述　这是一款老婆饼的包装，结构简单，造型美观。颇受高档烘焙店的追捧。

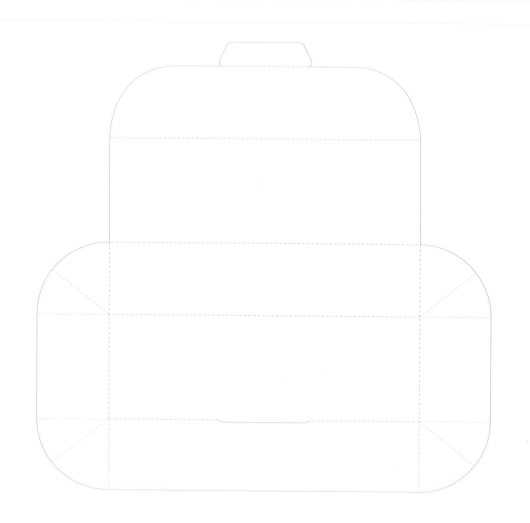

3. 时尚即食食物包装

> 项目名称 时尚即食食物包装

> 材质 400g/m²卡纸或PE材料

> 描述 这是当前流行的即食性食品盒，常用于蛋糕、休闲食品等包装。无
> 须胶粘，靠自身结构成型。

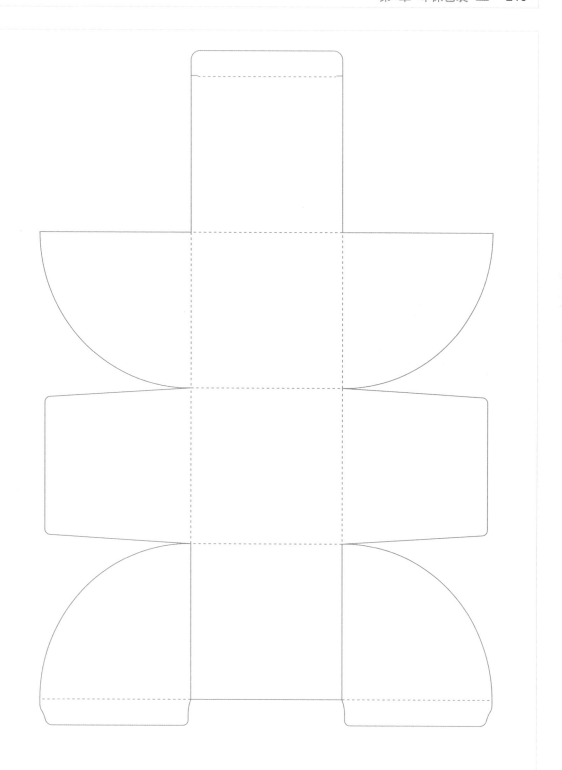

4. 盖式环保盒

> 项目名称　盖式环保盒

> 材质　瓦楞纸

> 描述　盖式无须胶粘环保盒。盒形特点：空间充足，常用于包装水果、礼品等。

5. 扣脚式一体快递盒

> 项目名称 扣脚式一体快递盒

> 材质 瓦楞纸

> 描述 这是一款扣脚式纸盒，材料和结构均属于环保设计范畴，使用方便，可重复利用，符合环保理念。

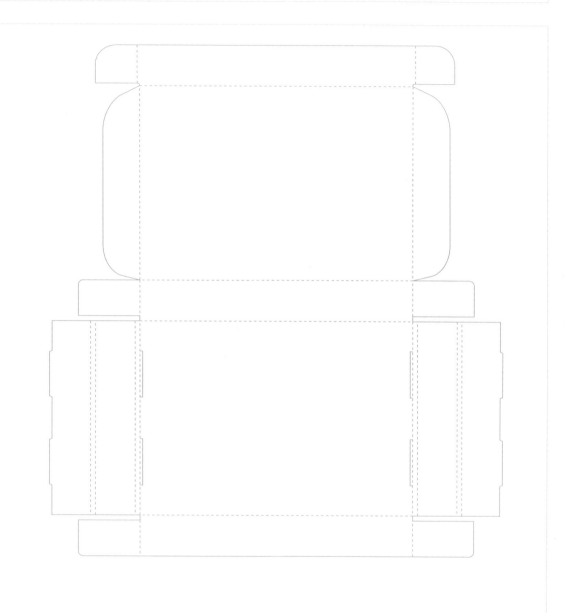

6. 快递盒

> 项目名称　**快递盒**

> 材质　**瓦楞纸**

> 描述　　这是一款用在快递行业的环保一体式插舌锁口纸盒，特点是一体成型，无须胶粘，靠材质自身强度和结构来支撑，选用材料是环保瓦楞纸，强度高，适合批量生产。

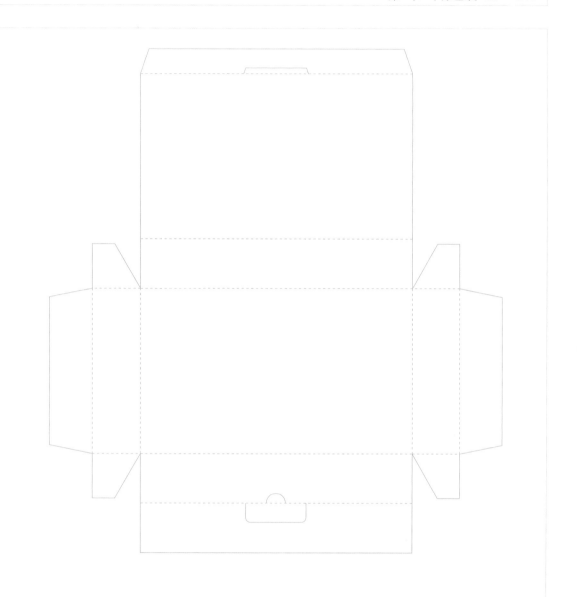

第6章 五花八门的模切版

6

模切是包装成型的必要环节。本章以大量的模切版来充分展示包装设计中炫丽多彩的模切造型。

1. 海马折纸   2. 和平鸽纸带

3. 建筑方盒

4. 梯形提手盒

5. 插扣心形盒

6. 圆顶无粘盒

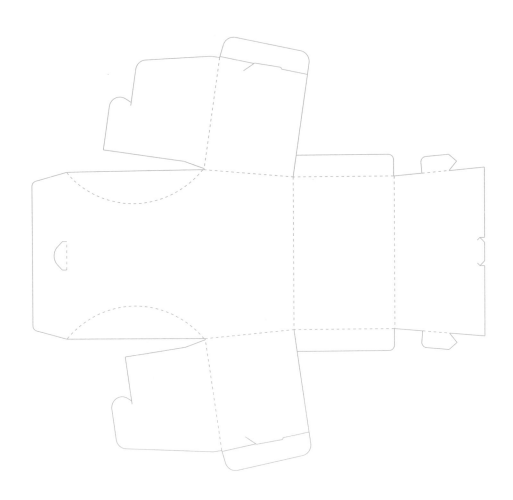

7. 鬼脸五折页

8. 立体楼梯四折页

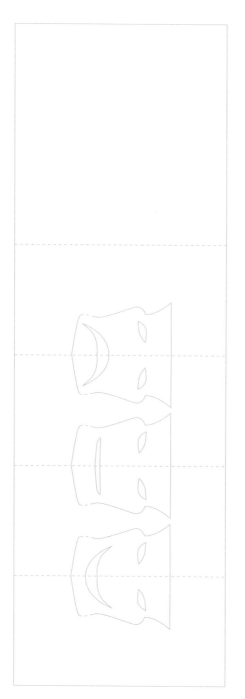

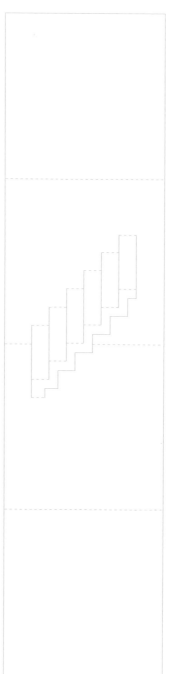

9. 卡车纸盒

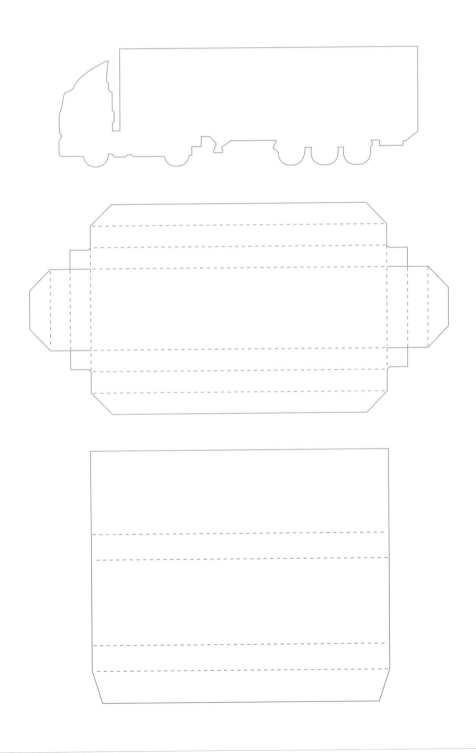

10. 纸相框

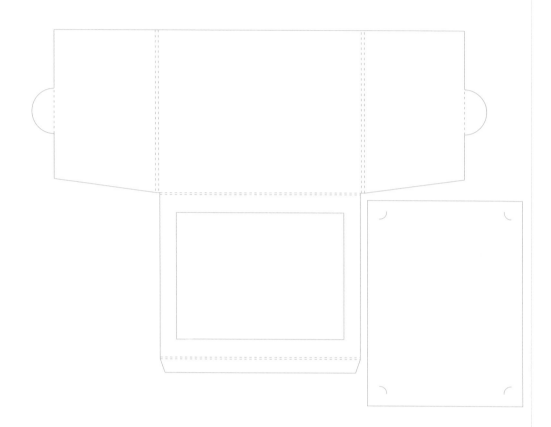

11. 钟形盒

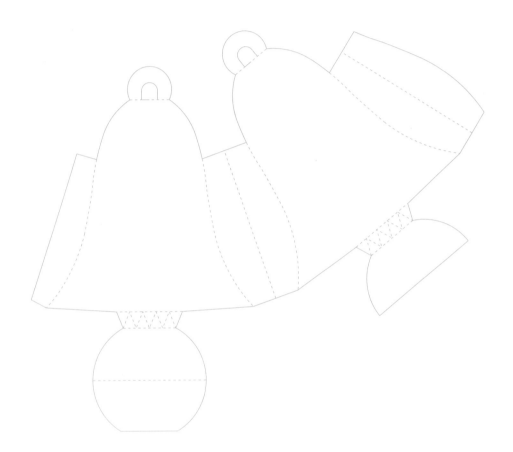

12. 坡式展示盒

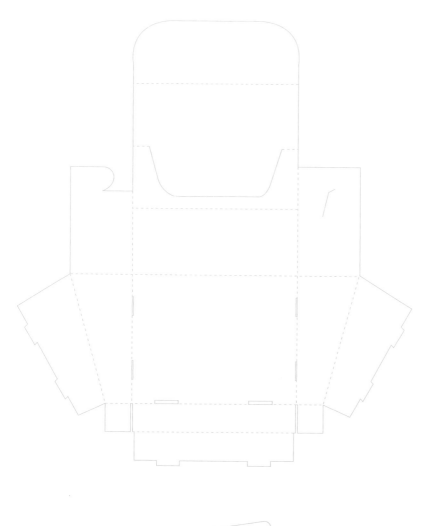

13. 人形趣味折卡

14. 挂式镂空无封盖包装

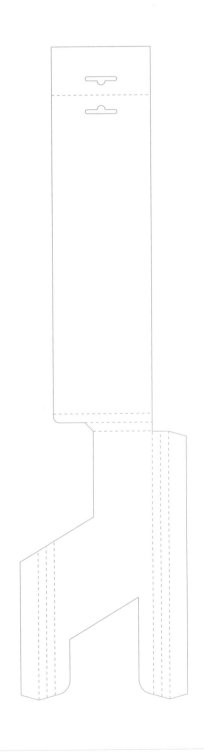

15. 立式折叠桌牌

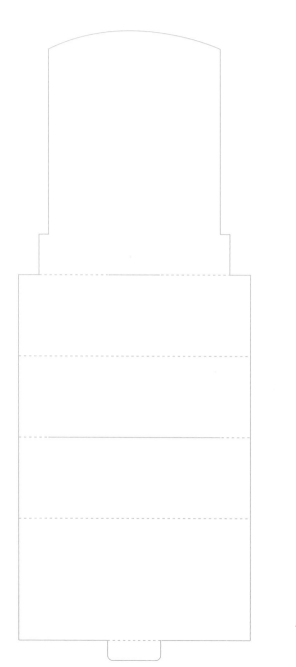

16. 镂空产品展示盒

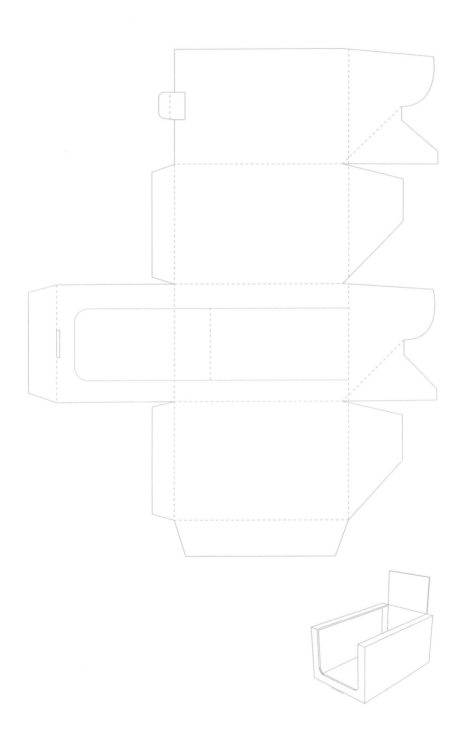

17. 梯式隔断产品展示盒

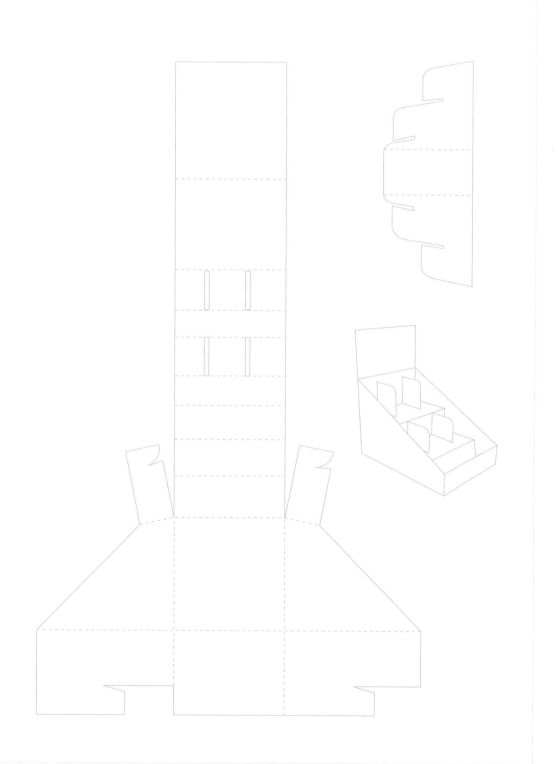

18. 单脚支撑兜式展示盒

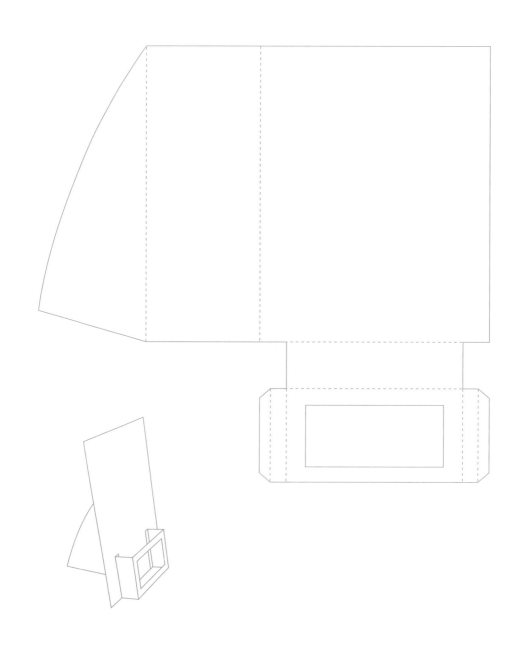

19. 复式插扣盒

20. 复式展示包装盒

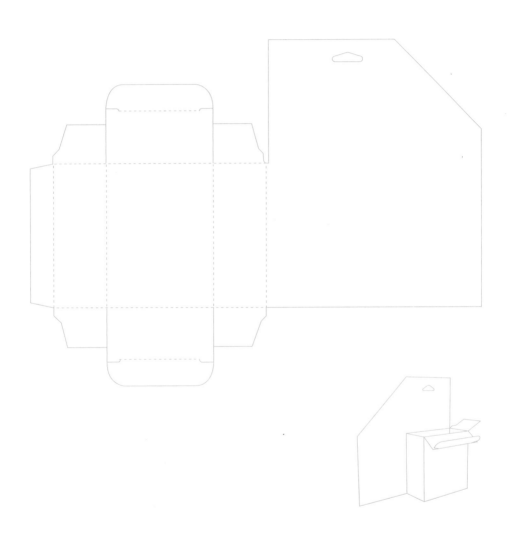

21. 插舌叠式纸袋

22. 插扣三折页

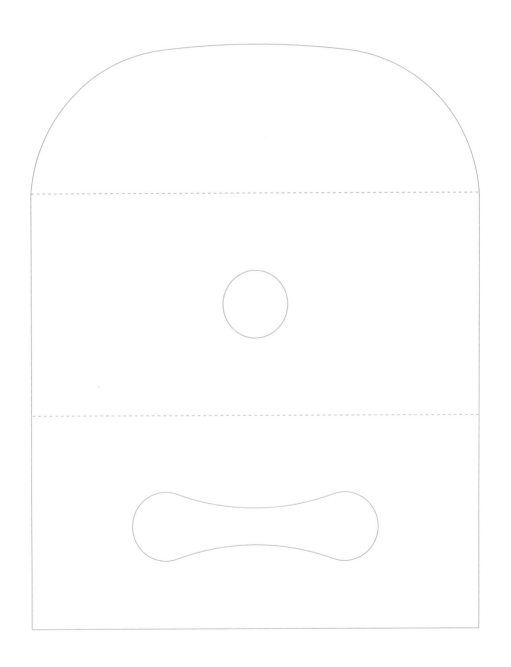

23. 八角花式蛋糕盒

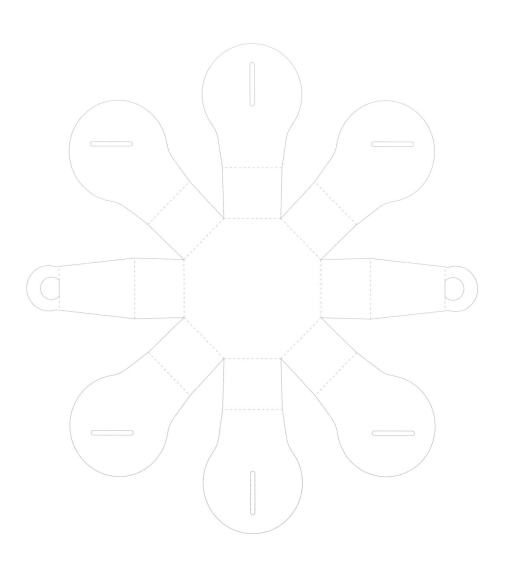

24．无粘打孔纸袋

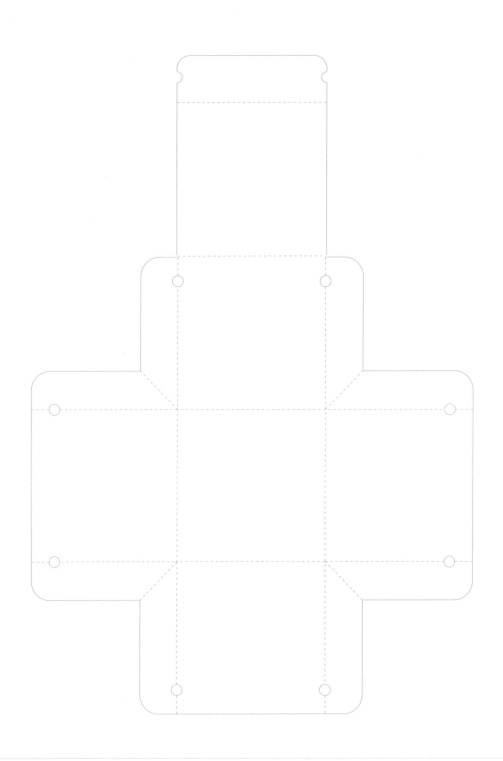

25. 八角堆叠折纸

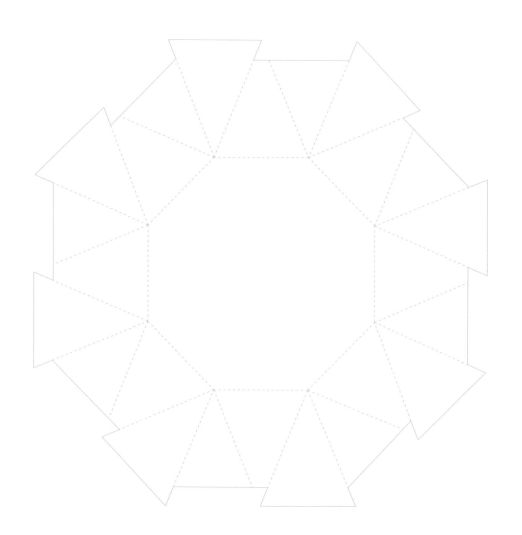

26. 六角棱形盒

27. 三角棱形盒

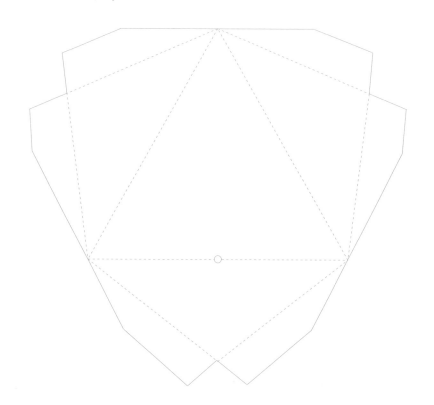

28. 四角棱形盒

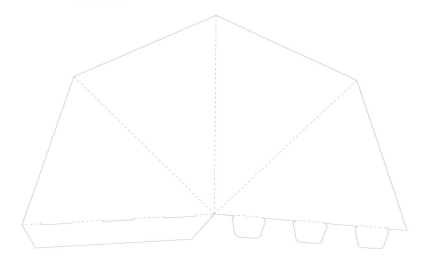

29. 斜式导角手袋

30. 糖纸式纸盒

31. 提手点心纸盒

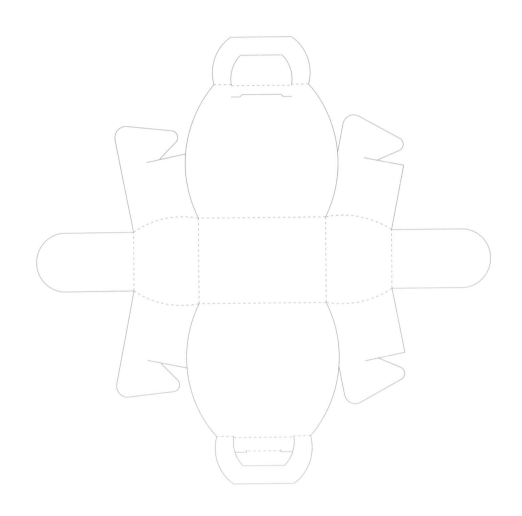

32．手提屋顶纸盒

33. 无粘屋顶纸盒

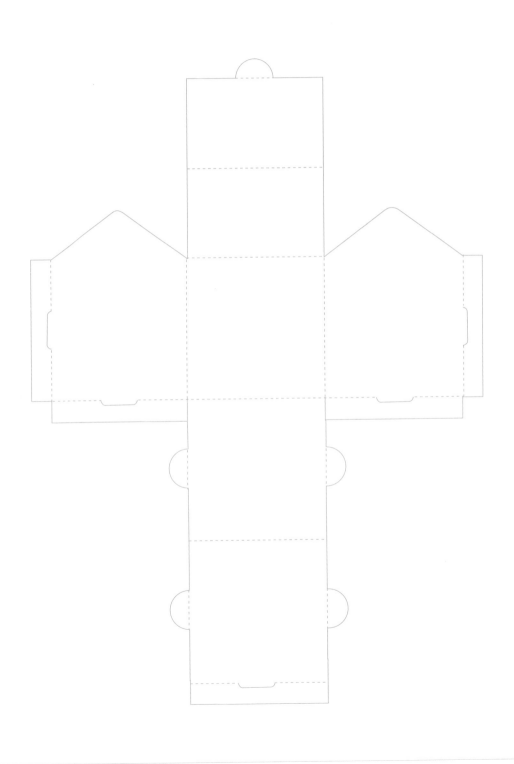

34．面膜贴

第7章 隔板和纸托

7

隔板和纸托是包装内部不可或缺的结构支撑，它对包装物的定位和保护有着举足轻重的作用。因此隔板和纸托是包装设计中无法回避的问题，本章的重点就是隔板和纸托。

1. Z形折纸隔板

> 名称   Z形折纸隔板

> 材质   300g/m²无光铜版纸

> 描述   这是个极为简易的折纸隔板，常用于药品包装。为了更好地将产品
> 分隔开，并无须进行复杂的纸托设计。

2．一体式定位纸托

> 名称　一体式定位纸托

> 材质　400g/m²卡纸

> 描述　定位是包装纸托必要的功能，在包装设计时为了让产品的形象增加
个性和卖点，包装外形会适当地进行夸张设计。而此时包装内部需要配合
产品来进行纸托设计。

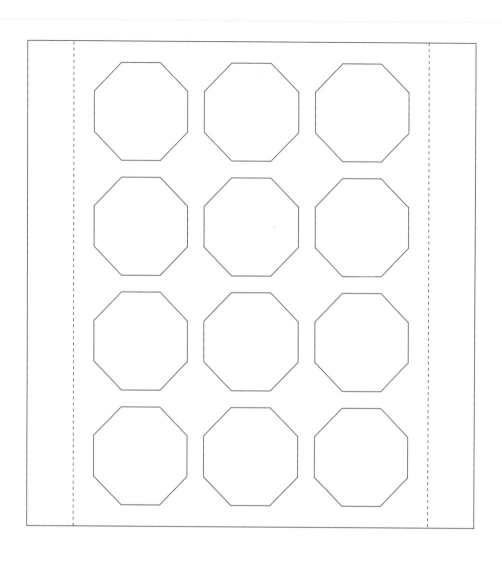

3. 定位纸托

> 名称　定位纸托

> 材质　400g/m² 卡纸

> 描述　此款纸托不仅为产品规划了位置还为纸托的安放设计了供拿取的缺口。

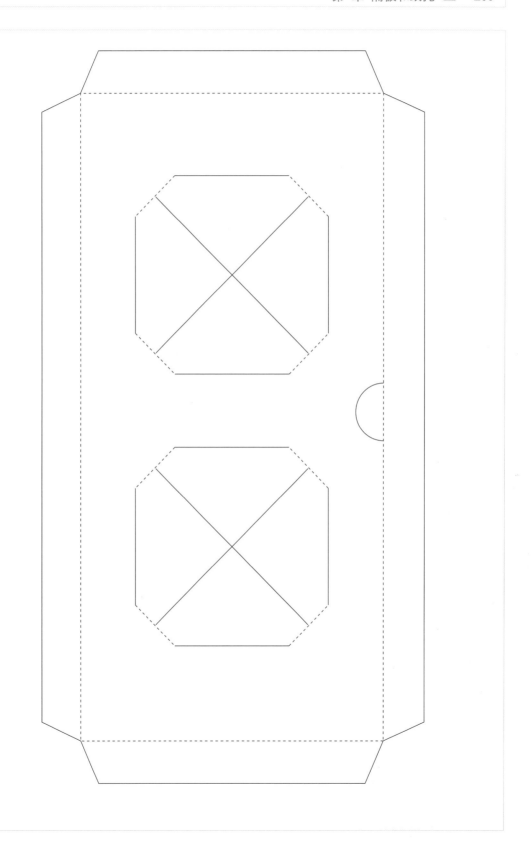

4. 占位缓冲纸托

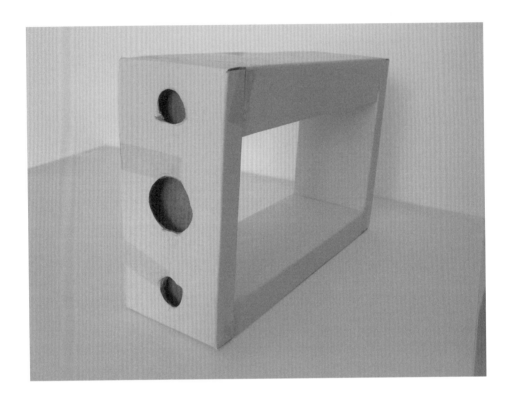

> 名称 占位缓冲纸托

> 材质 400g/m²卡纸

> 描述   此纸托是以占位为主要功能而设计的，可以在大包装内让产品恰到好
> 处地定位在此，同时还具有当产品在外力作用下而不受到损害的缓冲功能。

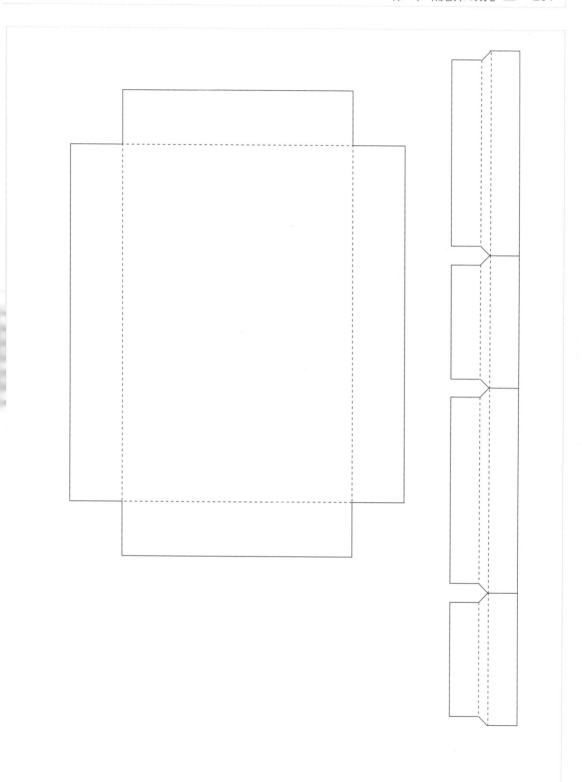

5. 随形防护纸托

> 名称   随形防护纸托

> 材质   纸板

> 描述   此款纸托常用在高档电子产品包装中，特点是依照产品的形状分配
> 空间和设计防滑脱机关，同时利用纸质本身强度设计防护结构，在产品受
> 到挤压、跌落时实现重力缓冲。

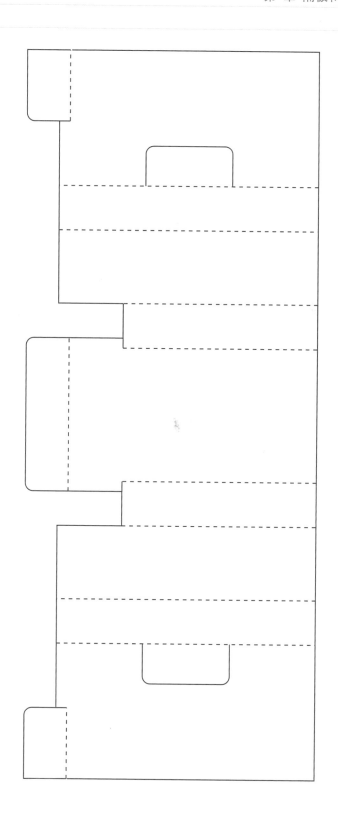

6．一体式折纸隔板

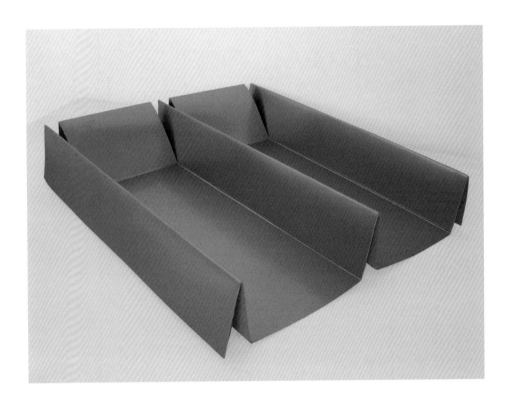

> 名称　一体式折纸隔板

> 材质　300g／m²无光铜版纸

> 描述　这是一个应用在点心盒内的折纸隔板，其作用是将盒子内部空间定
位并分隔成两个独立的空间。

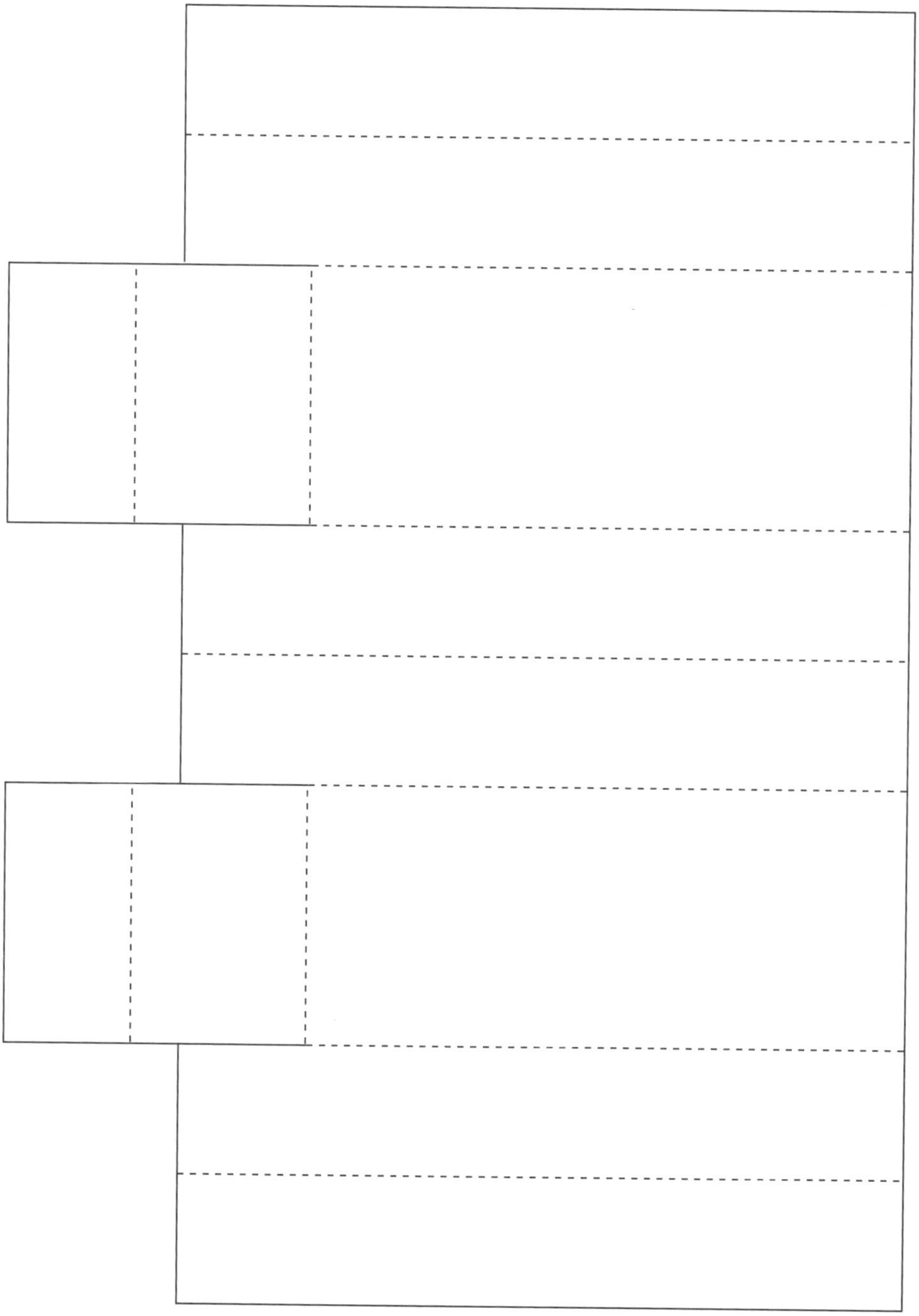

结束语

    编写本书的这一年是不平凡的一年，我在这一年里走向了成熟，我的人生也更加丰富。可能就像我爱人所说的"忙碌过后就是享受"，当我写下这一段文字之后心情悠然惬意。因为这一年来，太多的人和我共同奋斗、共同努力、相互扶持、相互进步。而忙碌过后，我们一起分享着彼此带来的快乐和幸福。也可能，这种生活态度便是我通过写此书之后得来的吧！那就是——分享。

    说到"包装"，市场上很多的本册标榜所谓的国外包装、国际观念等，我认为中国作为一个包装制造和生产大国，商品包装的使用和设计不亚于任何一个国家和地区，而且随着我国的市场经济地位被全球认可，新的观念和包装文化的形成，逐渐引领世界之风，因此建议即将进入包装行业的工作者，要更多地关注身边的变化和我们每个人的消费习惯以及审美情趣。

    包装作为一门实用美术学科，需要我们投入更多的热情和努力来提升这个行业在国内和国际的影响力，并能创作出更多经典的包装方案和更具前瞻性的包装理论来，同时更应该意识到合理的包装需要结合环境保护意识，并倡导环保的消费理念和人性化包装设计。

    现代包装不再单单为了运输和使用方便而进行规划，更注重文化、品位的提升以及企业的品牌战略。因此，我们要不断地学习、了解更多的材质、色彩、裱糊、印刷等知识，更要深入地学习工业化自动包装为包装工业带来的效率和品质。准确把握人们的消费心理、社会潮流和市场动向，以科学的态度进行全方位、大视野的包装创作，全情投入百花齐放的包装行业，广泛吸收各门类的包装技艺，以丰富我们的创作思维。

    本书完成的时候，我由衷地感谢我的家人给了我无限的支持，感谢我的读者给了无限的期待，我将把我所知道的信息最大化地奉献出来，以报答我所有的朋友们，谢谢！

作 者

2013 年 5 月